APPLICATIONS

DE LA

GÉOMÉTRIE

ÉLÉMENTAIRE

RÉDIGÉES

D'APRÈS LE NOUVEAU PROGRAMME DE L'ENSEIGNEMENT

SCIENTIFIQUE DES LYCÉES

PAR A. AMIOT

PROFESSEUR DE MATHÉMATIQUES SPÉCIALES AU LYCÉE SAINT-LOUIS ET DE GÉOMÉTRIE DESCRIPTIVE
A L'ÉCOLE IMPÉRIALE DES BEAUX-ARTS, A PARIS

QUATRIÈME ÉDITION

REVUE ET AUGMENTÉE

PARIS

F^d TANDOU ET CIE, LIBRAIRES-ÉDITEURS

RUE DES ÉCOLES, 78

Près du Musée de Cluny et de la Sorbonne.

—

1865

APPLICATIONS

DE LA

GÉOMÉTRIE ÉLÉMENTAIRE

A LA MÊME LIBRAIRIE

OUVRAGES DU MÊME AUTEUR :

LEÇONS NOUVELLES DE GÉOMÉTRIE ÉLÉMENTAIRE, 1 volume in-8 (2e édition, 1865). Prix, broché. . . . . 8 fr.

LEÇONS NOUVELLES DE GÉOMÉTRIE DESCRIPTIVE, rédigées d'après le nouveau programme du cours de Mathématiques spéciales, 2 vol. in-8 (texte et planches). 2e édit., 1865. Prix, broché. . . . . 6 fr.

LEÇONS NOUVELLES D'ALGÈBRE ÉLÉMENTAIRE, rédigées d'après les programmes des classes de seconde et de logique scientifiques, 1 vol. in-8. 3e édit., refondue et augmentée (1864). Prix, broché. . . . . 4 fr.

ÉLÉMENTS DE GÉOMÉTRIE, rédigés d'après le nouveau programme de l'enseignement scientifique des lycées, suivis d'un complément à l'usage des élèves de mathématiques spéciales, 1 volume in-8, figures. 9e édition, 1864. Prix, broché. . . . . 5 fr.

SOLUTIONS RAISONNÉES DES PROBLÈMES énoncés dans les éléments de Géométrie de M. *A. Amiot* et précédées de quelques observations sur la résolution des problèmes de géométrie, par M. *Amiot* et M. *Desvignes*, professeur au collége Chaptal, 2e édition (1861), refondue et dans laquelle se trouvent les énoncés. 1 volume in-8. Prix, broché. 6 fr.

PARIS. — IMP. SIMON RAÇON ET COMP., RUE D'ERFURTH, 1.

APPLICATIONS

DE LA

GÉOMÉTRIE ÉLÉMENTAIRE

LEVÉ DES PLANS

PREMIÈRE ET DEUXIÈME LEÇON.

PROGRAMME : Tracé d'une droite sur le terrain. — Mesure d'une portion de droite au moyen de la chaîne. — Levé au mètre. — Tracé des perpendiculaires. — Usage de l'équerre d'arpenteur. — Mesure des angles au moyen du graphomètre. — Description et usage de cet instrument. — Rapporter le plan sur le papier. — Échelle de réduction.

DÉFINITIONS.

1. On appelle *droite verticale* toute droite parallèle à la direction de la pesanteur. C'est cette direction que prend un fil dont l'une des extrémités est fixe, lorsqu'on suspend à l'autre un corps pesant quelconque. L'usage de l'instrument connu sous le nom de *fil à plomb* repose sur ce principe.

2. La *projection d'un point sur un plan* est le pied de la perpendiculaire abaissée du point sur le plan. Lorsque le point est situé dans le plan, il coïncide avec sa projection.

La *projection d'une figure quelconque*, ligne, surface ou corps, *sur un plan*, est le lieu des projections de tous les points de cette figure sur le plan. Ainsi le polygone A'B'C'D'E' est la projection du polygone ABCDE sur le plan MN. Pour abréger, je désignerai désormais sous le nom de *projection horizontale* d'une figure sa projection sur un plan horizontal quelconque.

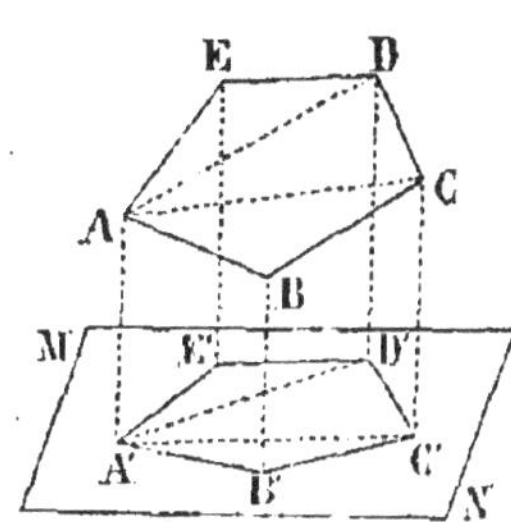

3. On appelle *plan d'un terrain* une figure semblable à la projection horizontale de la surface de ce terrain. Cette figure est dessinée sur une feuille de papier avec des dimensions moindres que celles de la projection qu'elle représente.

Si les inégalités du terrain et sa *pente*, c'est-à-dire son inclinaison sur l'horizon, sont assez faibles pour qu'on puisse les négliger, on prend ce terrain pour sa projection horizontale; le plan est alors la représentation du terrain lui-même.

Lever le plan d'un terrain, c'est exécuter sur ce terrain toutes les opérations nécessaires à la détermination des lignes et des angles avec lesquels on veut construire ce plan. Pour lever un plan, on conçoit un certain nombre de points remarquables du terrain liés entre eux par des lignes droites horizontales; ces lignes forment une figure polygonale à laquelle on rapporte la position des autres points du terrain, et qu'on nomme pour cette raison *canevas* du plan. Les premières opérations qu'on ait à exécuter sur le terrain consistent donc à tracer et à mesurer des lignes droites.

PROBLÈME I.°

Tracer une ligne droite par deux points A *et* B, *donnés sur un terrain.*

Si les points A et B sont peu éloignés l'un de l'autre, on tend entre eux un cordeau qui représente la ligne droite AB.

Lorsque la distance des points donnés est très-grande, on ne peut plus appliquer le procédé précédent, et l'on se contente d'indiquer la direction de la droite AB par des *jalons*, ou bâtons droits, qu'on plante verticalement de distance en distance le long de cette ligne. Un jalon a la longueur d'un mètre cinquante centimètres. L'un de ses bouts est garni d'une pointe de fer, pour l'enfoncer plus facilement dans le sol; à l'autre bout est pratiquée une petite fente dans laquelle on introduit un carré de papier blanc, afin de rendre le jalon visible de loin. Des jalons plantés verticalement sont en ligne droite, lorsque le premier, visé dans une direction telle qu'il recouvre le second, cache à l'œil tous les autres. On donne le nom d'*alignement* à une ligne droite ainsi jalonnée.

Cela posé, pour tracer la droite déterminée par les points A et B, on commence par planter un jalon en chacun de ces points. Un aide parcourt ensuite la droite AB et plante un jalon C à une certaine distance du point A; on vérifie que ce jalon se trouve dans la direction AB, en se plaçant près du jalon A et observant s'il cache à l'œil les deux autres jalons C et B. Lorsque cette condition n'est pas remplie, l'aide déplace le jalon C dans le sens qu'on lui indique, et arrive, après quelques tâtonnements, à le mettre dans l'alignement AB. Il plante ensuite un deuxième jalon, puis un troisième, etc., jusqu'à ce que ces jalons soient assez nombreux pour représenter sans incertitude la direction de la ligne droite AB.

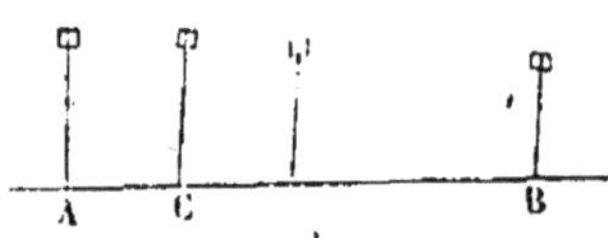

Si l'un des deux points A et B était inaccessible, on pourrait encore suivre la méthode précédente pour tracer la portion de la droite AB située sur le terrain qu'on peut parcourir. Alors le point inaccessible est indiqué, non plus par un jalon, mais par un objet quelconque, tel qu'un arbre, etc., qui se trouve en ce point.

C'est aussi par le même procédé qu'on trace, sur un terrain accessible, le prolongement de la droite qui joint deux points A et B inaccessibles, mais visibles.

PROBLÈME II.

Déterminer l'intersection de deux alignements AB, A'B'.

On se place au point A et l'on vise dans la direction AB, tandis qu'un aide parcourt la partie C'D' de la droite A'B' qui

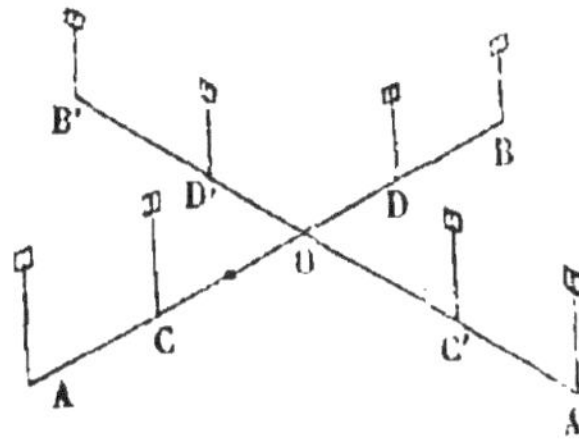

contient le point d'intersection cherché. Lorsqu'il arrive sur l'alignement AB, on lui fait signe de s'arrêter; il plante alors un jalon dont le pied doit se trouver à l'intersection O des deux droites AB, A'B'. On vérifie que le jalon remplit cette condition, en constatant qu'il fait partie de chacun des alignements AB, A'B'. Dans le cas contraire, on amène, après quelques tâtonnements, le jalon dans la position O.

PROBLÈME III.

Mesurer une portion AB *de ligne droite.*

Lorsque la droite AB qu'il faut mesurer a peu d'étendue, on se sert du *double mètre*, ou du *quadruple mètre*. Au contraire, si cette ligne est très-longue, on emploie de préférence une mesure dont la longueur est de 10 mètres et qu'on nomme *chaîne d'arpenteur*, ou simplement *chaîne*.

La chaîne est faite avec du fil de fer qui a quatre à cinq millimètres de diamètre; elle se divise en cinquante parties de même longueur appelées *chaînons* et réunies par de petits anneaux. Deux grands anneaux, qu'on nomme *poignées*, terminent la chaîne et servent à la porter. Chaque chaînon a deux décimètres de longueur à l'exception des deux derniers qui n'ont cette longueur qu'en les prenant avec la poignée voisine. Sur cinq anneaux consécutifs il y en a quatre de fer, le cinquième est de cuivre. La distance d'un anneau de cuivre au suivant est donc d'un mètre. Le milieu de la chaîne est indiqué par un anneau qui porte un fil de fer de quatre à cinq centimètres.

On emploie avec la chaîne dix *fiches* ou morceaux de fil de fer, ayant la même grosseur que celui de la chaîne. Chaque fiche, dont la longueur est de deux à trois décimètres, est terminée d'un côté par une pointe et de l'autre par un anneau.

Pour mesurer avec la chaîne la distance de deux points A et B, on commence par jalonner la droite AB. Cette opération étant faite, deux aides portent la chaîne : l'un prend les dix fiches et se dirige du point A vers le point B, tandis que l'autre applique sa poignée contre le jalon A. Le premier tend la chaîne dans la direction AB sur le terrain, ou un peu au-dessus, selon que le terrain est uni ou inégal. Il plante ensuite une fiche contre le bord intérieur de sa poignée. Cela fait, les deux aides soulèvent la chaîne et s'avancent vers le point B. Le second s'arrête près de la fiche et place contre elle le bord extérieur de sa poignée ; le premier tend alors la chaîne dans la direction AB et plante une deuxième fiche. Les deux aides soulèvent de nouveau la chaîne et continuent cette opération jusqu'à ce qu'ils aient parcouru toute la droite AB.

Les fiches plantées par l'aide qui marche devant sont enlevées successivement par l'autre ; elles indiquent le nombre de dizaines de mètres contenues dans la longueur de la droite AB. Pour mesurer le reste de cette ligne, on compte les anneaux de cuivre compris entre la dernière fiche et le point B, puis les chaînons compris entre le dernier anneau de cuivre et le même point B, et l'on évalue enfin à la simple vue, ou avec un double décimètre divisé en centimètres, la distance du dernier chaînon à l'extrémité de la droite AB. Supposons que le second aide ait ramassé six fiches, et qu'on ait compté en outre huit anneaux de cuivre, trois chaînons et $0^m,14$; la longueur de la droite AB sera de $10^m \times 6 + 1^m \times 8 + 0^m,2 \times 3 + 0^m14$, ou de $68^m,74$.

Si la distance du point A au point B surpasse une *portée*, ou dix fois la longueur de la chaîne, le second aide rend au premier les dix fiches, après les avoir ramassées, et chacun d'eux note sur un registre cet échange qui correspond à une longueur de cent mètres. Ils continuent ensuite l'opération comme précédemment.

PROBLÈME IV.

Mesurer la projection horizontale d'une portion AB *de ligne droite.*

Lorsque le terrain sur lequel se trouve la droite AB est sensiblement horizontal, on peut prendre cette ligne pour sa projection horizontale, et le problème est ramené au cas précédent, c'est-à-dire qu'il faut mesurer la droite AB elle-même.

Si le terrain est en pente, on jalonne encore la droite, puis on tend horizontalement la chaîne, à partir du point A, dans le plan vertical passant par la droite AB. Soit alors C la position de l'extrémité de la chaîne; l'aide qui porte la poignée C place près d'elle une fiche en la soutenant par son anneau, puis il laisse tomber cette fiche qui suit la verticale C*c*, et vient s'enfoncer dans le sol au point *c*. La droite AC est par conséquent la projection de la distance A*c* sur le plan horizontal mené par le point A. Les deux aides s'avancent ensuite dans la direction AB, et recommencent à tendre horizontalement la chaîne à partir du point *c*. Celui qui va devant laisse tomber de l'extrémité D de la chaîne une fiche la pointe en bas; cette fiche s'enfonce dans le sol au point *d*. Les aides se remettent de nouveau en marche et continuent la même opération jusqu'à ce qu'ils soient arrivés au point B. En faisant la somme des projections horizontales AC, *c*D, *d*E, etc., des différentes parties A*c*, *cd*, *de*, etc., de la droite AB, on aura évidemment la projection AB′ de cette droite sur le plan horizontal qui passe par le point A, puisque les lignes *c*D, *d*E.,... sont respectivement égales aux segments CD′, D′E′.... de la droite AB′, déterminés par les verticales des points *c*, *d*, *e*,... du terrain.

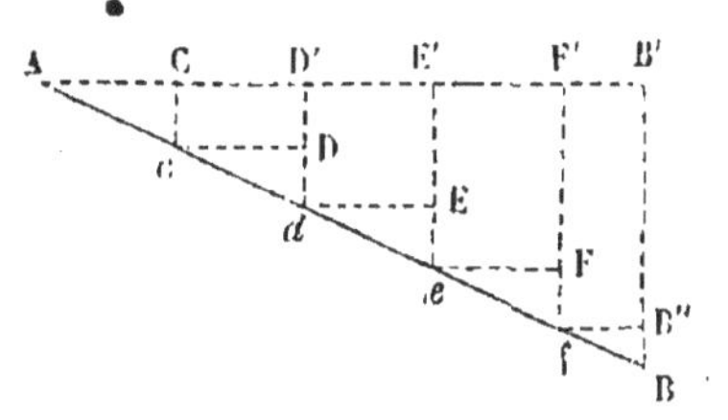

On peut employer le fil à plomb pour déterminer chacun des points *c*, *d*, *e*, en le suspendant successivement aux points C, D, E....

Si la pente du terrain est trop rapide pour qu'on puisse tenir la chaîne horizontale, lorsque l'une de ses extrémités est appliquée sur le sol, il faut opérer autrement. On mesure alors la droite AB, et la distance BB′ du point B au plan horizontal mené par l'autre point A ; on en déduit ensuite la longueur de AB′, car il résulte du triangle rectangle ABB′ que

$$AB' = \sqrt{\overline{AB}^2 - \overline{BB'}^2}.$$

Mais la détermination de la distance BB′, qui dépend de la *théorie du nivellement*, ne sera expliquée que dans les leçons sur le nivellement.

Levé au mètre.

Le *levé au mètre* se fait de différentes manières, suivant l'état du terrain sur lequel on opère ; mais, quelque méthode que l'on suive, on ne se sert que de la chaîne ou du quadruple mètre pour mesurer les lignes droites et les angles nécessaires à la construction du plan.

Je suppose 1° l'intérieur du terrain accessible et entièrement libre. S'il est limité par une ligne polygonale, telle que ABCDE, on le décompose en triangles et l'on en fait alors un croquis à vue d'œil. On mesure ensuite les côtés de tous les triangles avec la chaîne ou le quadruple mètre, selon leur plus ou moins grande longueur ; puis on inscrit les résultats sur le croquis à mesure qu'on les trouve.

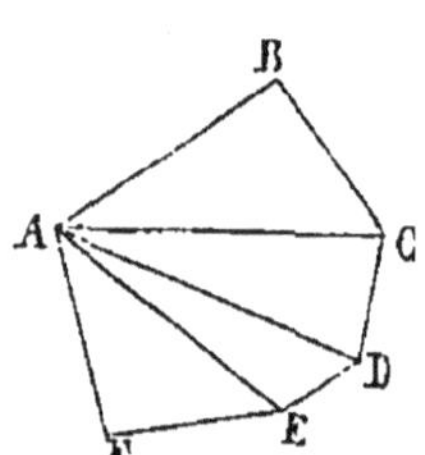

Lorsque le contour du terrain présente des parties curvilignes, on les remplace par des lignes droites qui s'en écartent le moins possible, et l'on opère comme dans le cas précédent. Mais les lignes courbes doivent être tracées sur le plan au lieu des lignes droites qu'on leur a substituées sur le terrain. Dans ce dessin, on s'aidera du croquis du terrain, ou de la vue du terrain lui-même.

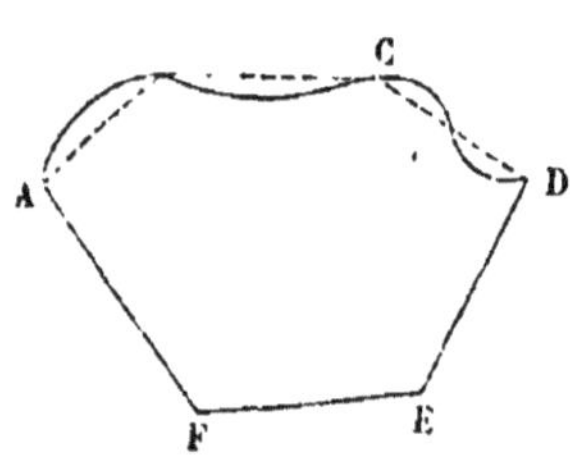

2° Si le contour du terrain ABCDE est accessible, et que l'intérieur soit couvert de bois ou de constructions quelconques qui arrêtent la vue, on ne peut plus appliquer la méthode précédente. On suit alors un autre procédé connu sous le nom de *levé par cheminement*.

On parcourt le périmètre du polygone ABCDE, en mesurant successivement ses côtés et ses angles avec la chaîne. Voici comment on opère pour les angles : sur les côtés d'un angle quelconque A, on prend, à partir de son sommet, des longueurs quelconques Aa, Aa_1, par exemple, égales à 10 mètres, et l'on mesure la distance des points a, a_1, qu'on a marqués avec des fiches. En construisant ensuite sur le papier un triangle semblable au triangle Aaa_1 dont les longueurs des côtés sont connues, on détermine la grandeur de l'angle A du polygone ABCDE. Nous verrons dans le tracé du plan qu'un angle très-obtus, tel que C, est mal déterminé par ce procédé; on préfère diviser cet angle en deux parties à peu près égales au moyen de la droite Cf, et mesurer d'après la méthode précédente chacun des angles fCc, fCc_1 dont la somme est égale à l'angle obtus BCD. S'il arrive qu'un obstacle, tel qu'un mur, empêche la formation d'un triangle par lequel on déterminerait un angle, par exemple, l'angle D, on mesure le supplément dDd_1 de cet angle.

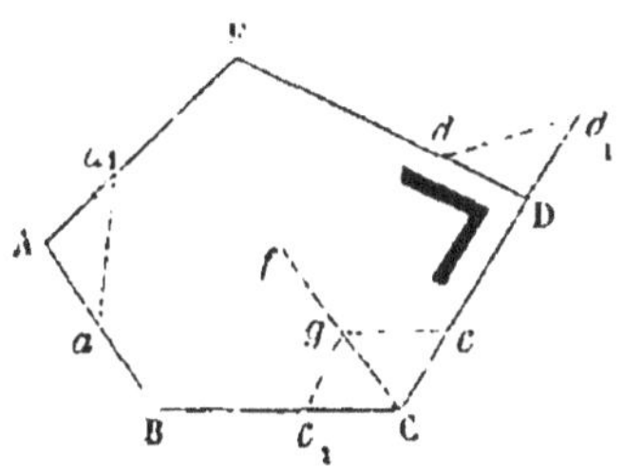

Le levé d'un plan par cheminement est aussi applicable à un terrain accessible et découvert.

3° Pour lever le plan d'un terrain inaccessible et découvert ABCDE, on trace sur le terrain qu'on peut parcourir, et l'on choisit comme *base* de l'opération une ligne droite MN des extrémités de laquelle on aperçoive tous les sommets du polygone ABCDE. Cette base ne doit pas être trop petite ni trop grande par rapport aux distances qu'on veut déterminer avec elle. On conçoit ensuite chacun des

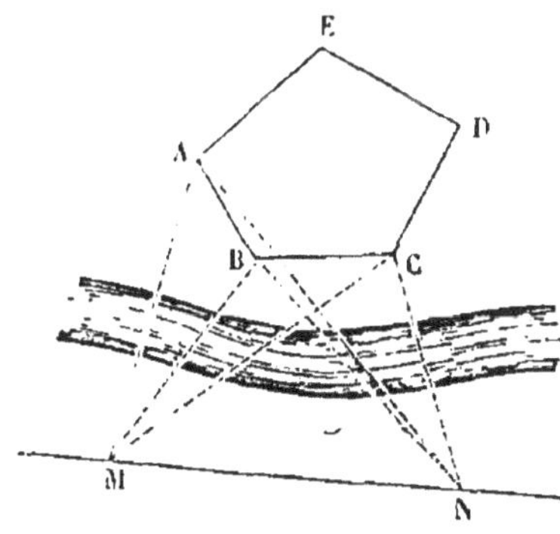

sommets de la figure ABCDE joint par des lignes droites aux deux points M et N, puis on mesure avec la chaîne la droite MN et les angles qui lui sont adjacents dans les triangles AMN; BMN, CMN, etc.

Cette manière d'opérer se nomme *méthode des intersections*, parce que chaque point du terrain, tel que A, est déterminé par l'intersection de deux droites MA, NA, qui font des angles connus avec la base MN. Elle est aussi applicable à un terrain accessible et découvert; on peut alors prendre pour base l'un des côtés de la figure dont on veut lever le plan.

C'est encore cette méthode qu'on emploie pour lever les *détails* d'un plan, c'est-à-dire les points qui ne font pas partie du canevas et qu'on veut marquer sur le plan. On rattache chacun de ces points à la base par des lignes droites, et l'on mesure les angles que ces lignes font avec la base.

De l'équerre d'arpenteur.

L'équerre d'arpenteur est un prisme de cuivre, creux en dedans. Ce prisme est droit et a pour bases deux octogones réguliers; chacune de ses faces latérales est divisée en deux parties égales, dans le sens de sa longueur, par une fente rectiligne très-étroite. Les fentes de deux faces opposées déterminent un plan qui passe par l'axe du prisme, et qu'on appelle *plan de visée*, parce que, pour apercevoir les objets situés sur sa direction, il faut les viser à travers les deux fentes. L'équerre a quatre plans de visée; chacun d'eux fait un angle de 45° avec celui qui le précède ou le suit, de sorte que le premier est perpendiculaire au troisième, et le second perpendiculaire au quatrième. Aussi, on se sert de cet instrument pour faire des angles de 45° et de 90° sur le terrain.

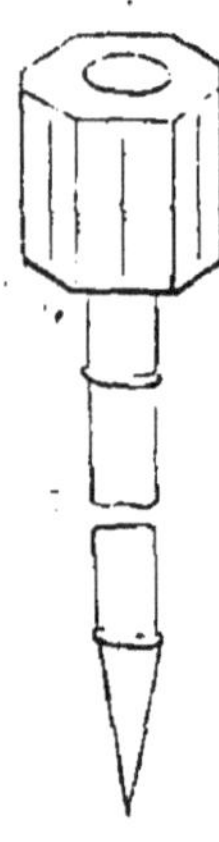

Dans certaines équerres, l'un des deux systèmes de quatre fentes qui déterminent deux directions perpendiculaires est remplacé par la disposition suivante : on a pratiqué sur une moitié de chaque face une fente très-étroite *ab* qu'on nomme *œilleton*, et sur l'autre moitié une ouverture rectangulaire *cdef* qui s'appelle *croisée*. Un fil de soie *gh*, ou un crin, est tendu à travers la croisée dans la direction prolongée de l'œilleton, et la disposition relative de deux faces opposées est telle que l'œilleton de l'une est vis-à-vis du fil de la croisée de l'autre. Ces lignes déterminent le plan de visée.

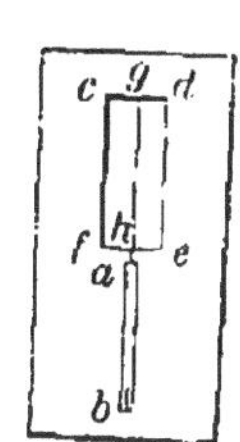

L'équerre s'adapte à l'extrémité d'un bâton ferré, au moyen d'une *douille*. D ou tronc de cône creux, en cuivre, que l'on visse au centre d'une des faces octogonales. Pour viser un objet avec cet instrument, on plante le bâton de manière qu'il soit vertical, puis on applique l'œil contre la fente d'une face, et l'on fait tourner l'équerre sur son pied jusqu'à ce qu'on aperçoive l'objet par la fente de la face opposée. Si l'on emploie une équerre à croisées, on place l'œil sur un œilleton et l'on amène le fil de la croisée opposée à se projeter sur l'objet.

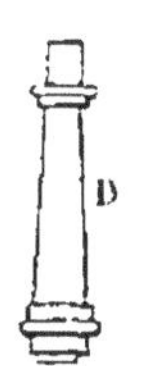

PROBLÈME V.

Tracer, par un point donné O, *une perpendiculaire sur une ligne droite donnée* MN.

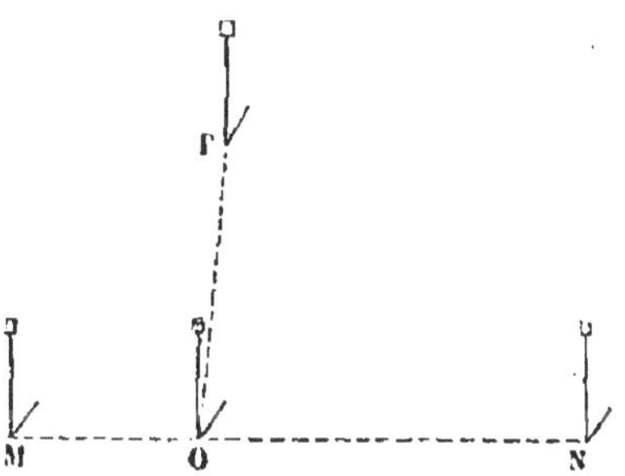

1. Lorsque le point O se trouve sur la droite MN, on fixe le pied d'une équerre ABCD en ce point, et l'on amène le plan de visée AC à passer par la droite MN, en faisant tourner l'équerre jusqu'à ce qu'on aperçoive par les fentes opposées A, C, deux jalons M et N placés sur cette droite. On vise ensuite par la fente B, dans la direction BD perpendiculaire à AC, et l'on fait planter par un aide un jalon P dans cette direction. Si l'équerre est exacte, c'est-à-dire si les plans de visée AC, BD sont perpendiculaires l'un à

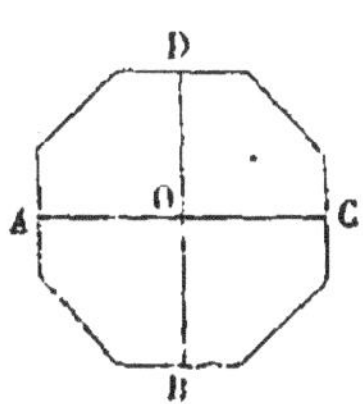

l'autre, l'angle PON est droit et la ligne OP perpendiculaire à MN. On reconnaît que cette condition est remplie, en faisant tourner l'équerre sur son pied jusqu'à ce que le plan de visée BD passe par le jalon N, et voyant que l'autre plan de visée contient alors le jalon P; ce qui exige que les angles adjacents DOC, DOA soient égaux et, par conséquent, droits.

2. Si le point O est extérieur à la droite MN, on parcourt cette ligne en tenant l'équerre verticale et faisant passer constamment l'un des plans de visée par la droite MN. On regarde en même temps dans la direction perpendiculaire, et l'on s'arrête aussitôt qu'on aperçoit le point O dans cette direction. L'équerre se trouve alors au pied C de la perpendiculaire menée du point O sur MN.

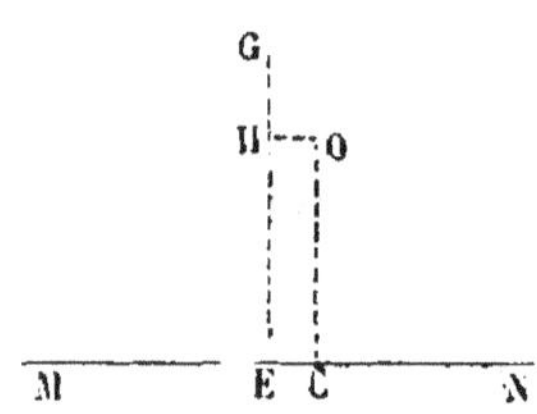

On ne parvient généralement à cette position qu'après des tâtonnements toujours longs, mais qu'on peut abréger en procédant ainsi : on cherche approximativement, à vue d'œil, la position inconnue du point C; si l'on présume que ce soit E, on y place le pied de l'équerre, en amenant l'un des plans de visée à passer par la droite MN, et l'on fait planter un jalon G dans la direction perpendiculaire. Lorsque le point O se trouve sur la droite EG, cette ligne est la perpendiculaire cherchée. Dans le cas contraire, on mesure la distance OH du point O à la droite EG; puis on prend sur MN, à partir du point E, une longueur EC égale à OH, et le point C est le pied de la perpendiculaire menée du point O sur la droite donnée.

Il faut bien remarquer qu'il n'est pas nécessaire de déterminer très-exactement le point H pour connaître la distance OH avec une approximation suffisante; car cette distance sera toujours très-petite, si l'on a choisi convenablement le point E. Au reste, on doit vérifier si le point C, déterminé par la méthode précédente, est réellement le pied de la perpendiculaire. Lorsqu'il en sera autrement, on trouvera ce pied par un très-petit déplacement de l'équerre.

Levé à la chaîne et à l'équerre.

1° Soit proposé de lever avec la chaîne et l'équerre le plan d'un polygone ABCDE. On commence par planter des jalons aux différents sommets de ce polygone et sur l'un de ses côtés, par exemple AE, pour en indiquer la direction. On mène ensuite de chaque sommet une perpendiculaire sur le côté AE considéré comme *base* du levé; les pieds b, c, d de ces perpendiculaires étant déterminés, on mesure avec la chaîne ou le quadruple mètre la base AE et les distances Ab, bc, cd, dE, ainsi que les perpendiculaires Bb, Cc, Dd. Ces lignes suffisent à la construction du plan. En effet, si l'on trace sur le papier une droite indéfinie YX, et qu'à partir d'un point A′ on porte sur cette droite, dans le sens indiqué par la figure ABCDE, les longueurs A′b', $b'c'$, $c'd'$, d'E′, respectivement proportionnelles à Ab, bc, cd, dE; si l'on mène ensuite par les points b', c', d' les droites b'B′, c'C′, d'D′, perpendiculaires à XY et proportionnelles aux lignes bB, cC, dD, les points A′, B′, C′, D′, E′, déterminés de cette manière, seront les sommets d'un polygone évidemment semblable au polygone ABCDE.

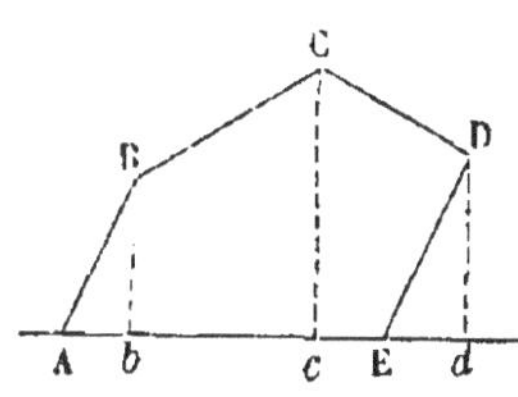

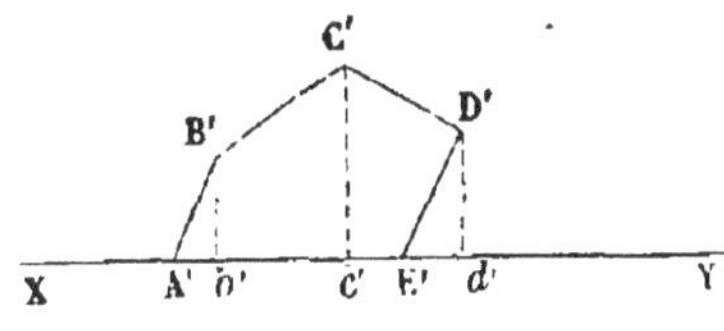

Il est important de remarquer que les longueurs mesurées sur la base conduisent à une vérification qu'on ne doit pas négliger. En effet, on a :

$$AE = Ab + bc + cd - dE.$$

Au lieu de projeter les sommets du polygone sur l'un de ses côtés, on peut prendre pour base du levé l'une des diagonales ou toute autre droite tracée sur le terrain. Il faut éviter, dans le choix de cette base que les points desquels on abaisse les perpendiculaires soient trop rapprochés de cette droite, sinon les pieds des perpendiculaires ne peuvent pas être déterminés avec toute la précision nécessaire, à cause de l'incertitude de la visée.

2° La méthode précédente n'est pas applicable lorsque le terrain est couvert d'un bois ou d'une construction quelconque qui arrête la vue. Dans ce cas particulier, on trace un rectancle XYZT autour du terrain, que je suppose terminé par la ligne polygonale ABCDE..., et l'on projette chaque sommet de cette ligne sur le côté du rectangle dont il est le plus proche. On mesure ensuite les côtés de ce rectangle, les perpendiculaires A*a*, B*b*, C*c*..., et les distances X*a*, *ab*, *bc*..., Y*e*, *ef*..., qui déterminent les positions des points *a*, *b*, *c*..., sur le contour du rectangle. Il faut inscrire avec ordre, sur le croquis du terrain, tous les résultats qu'on obtient.

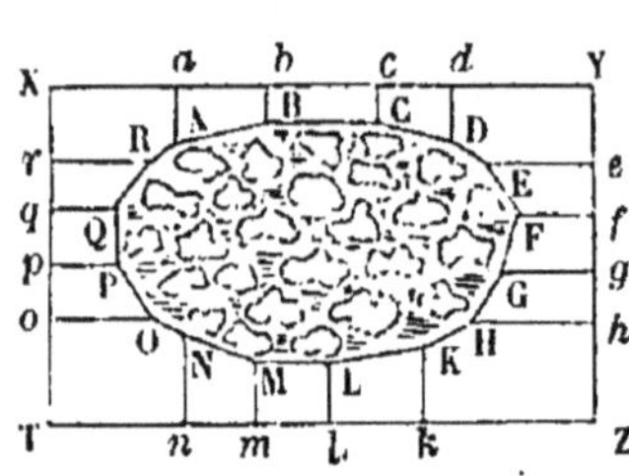

3° Si le polygone ABCDE est situé sur un terrain inaccessible, on ne peut employer aucune des deux méthodes précédentes. On trace alors, sur le terrain qu'on peut parcourir, deux bases rectangulaires OX, OX', desquelles on aperçoive tous les sommets du polygone; on cherche ensuite les projections de chaque sommet sur ces bases, et l'on mesure les distances O*a*, O*a'*, O*b*, O*b'*, de ces projections au point d'intersection des droites OX, OX'.

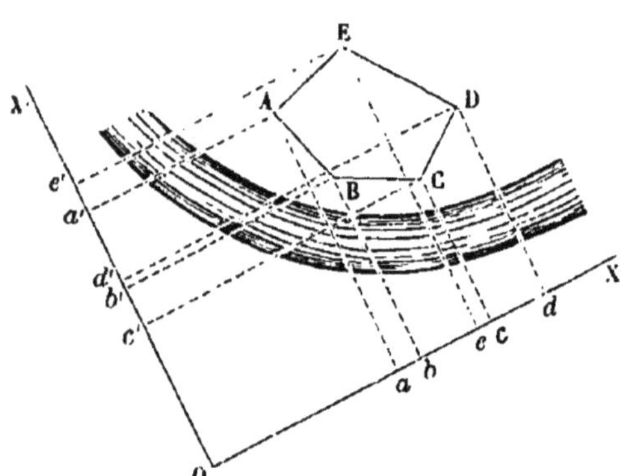

Ce procédé n'est autre que la *méthode des intersections ;* car la position de chaque sommet, tel que A, est déterminée par la rencontre de deux droites *a*A, *a'*A, qui sont respectivement perpendiculaires aux bases OX, OX'.

Du graphomètre.

Le *graphomètre* sert à mesurer les angles sur le terrain. Il se compose d'un demi-cercle de cuivre dont le *limbe*, ou bord extérieur, est divisé en demi-degrés. Cette graduation est double : les degrés sont d'abord marqués de 0° à 180°, puis dans l'ordre inverse, c'est-à-dire de 180° à 0°.

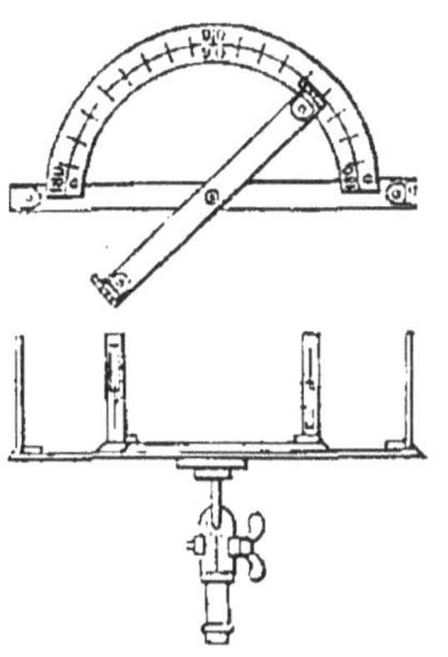

Aux extrémités du diamètre qui passe par les zéros des deux divisions, et perpendiculairement à sa direction, s'élèvent deux petites plaques de cuivre qui sont percées de croisées et d'œilletons comme les faces opposées de l'équerre d'arpenteur, et qu'on nomme *pinnules;* leur plan de visée contient la ligne des zéros. Le cercle du graphomètre porte une *alidade* mobile, c'est-à-dire une règle de cuivre dont les extrémités sont surmontées de deux pinnules parallèles, et qui peut tourner autour d'un axe, mené par le centre du cercle perpendiculairement à sa surface. Le plan de visée des pinnules de cette alidade doit passer par l'axe de rotation ; la trace de ce plan sur les bords de l'alidade est indiquée par un trait et par le chiffre zéro. Dès lors, les fils des quatre pinnules doivent être dans un même plan lorsqu'on fait coïncider les zéros de l'alidade mobile avec ceux du limbe du graphomètre.

La partie inférieure de l'axe de l'alidade est terminée par une petite sphère comprise entre deux pièces de cuivre qui sont taillées en coquilles, et qu'on peut éloigner ou rapprocher au moyen d'une vis. Ces deux pièces de cuivre se réunissent au sommet d'une douille qui sert à fixer le graphomètre sur un support à trois pieds. C'est avec ce système des deux coquilles et de la sphère, connu sous le nom de *genou à coquilles*, qu'on parvient à donner au cercle du graphomètre une position quelconque par rapport à l'horizon. On commence par amener le cercle dans cette position, en faisant tourner la sphère entre les coquilles ; puis on serre fortement la vis pour rendre immobile la sphère et, par suite, le cercle.

On vérifie la graduation du graphomètre, en mesurant plusieurs angles dont la somme soit connue d'avance, par exemple les angles d'un triangle. Si la somme des résultats qu'on obtient est égale à 180°, la graduation est exacte ; dans l'hypothèse contraire, le tiers de la différence qui existe entre la somme des angles mesurés et 180° exprime la moyenne des erreurs commises dans la détermination de ces angles. Cette moyenne doit être moindre qu'une division du limbe, pour qu'on puisse se servir du graphomètre.

PROBLÈME VI.

Mesurer un angle avec le graphomètre.

Lorsqu'on veut mesurer sur le terrain un angle AOB avec le graphomètre, on place d'abord cet instrument dans une position telle que son centre se trouve sur la même verticale que le sommet de l'angle. Pour cela, on le met à peu près dans cette position ; puis on suspend un fil à plomb entre les pieds du support, de manière que le centre du cercle soit dans la direction du fil. Si le plomb tombe alors sur le sommet O, le graphomètre est bien posé ; dans l'hypothèse contraire, on enfonce l'un des pieds du support dans le sol et, par un déplacement convenable des deux autres, on amène le centre du cercle à passer par la verticale du point O. Cela fait, on met le cercle dans le plan de l'angle ; c'est en tournant la sphère entre les coquilles, et après des tâtonnements plus ou moins longs, qu'on arrive à cette position du cercle pour laquelle les points A et B paraissent situés dans son plan indéfiniment prolongé. Le centre du limbe éprouve un déplacement dans cette seconde opération ; mais on le néglige

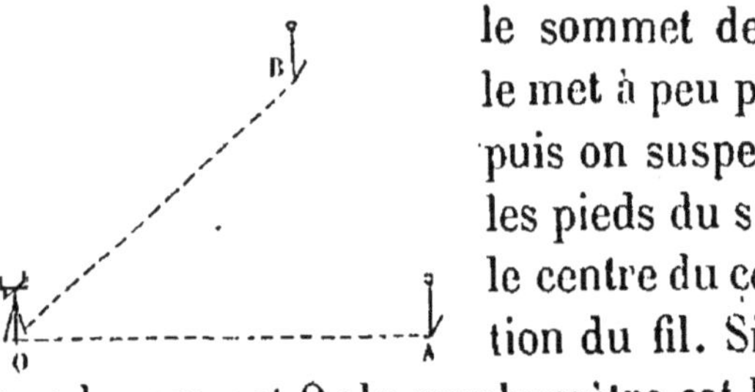

parce qu'il est généralement très-petit. On fait alors tourner le cercle autour de l'axe qui passe par son centre, jusqu'à ce que la ligne de visée des pinnules fixes contiennent le point A, et l'on vise ensuite le point B à travers les pinnules de l'alidade mobile. Le nombre de degrés et de parties du degré que les deux lignes de visée comprennent entre elles exprime la mesure de l'angle AOB.

Si le zéro de l'alidade ne coïncide pas avec l'un des traits de la graduation du limbe, le nombre de demi-degrés correspondant au trait dont il est le plus proche exprime la mesure de l'angle à moins de la moitié d'une division du limbe, c'est-à-dire à moins de 15 minutes. Cette approximation est plus que suffisante pour rapporter l'angle sur le papier, puisque l'instrument qui sert à cette opération n'est divisé qu'en degrés ; mais il faut connaître cet angle avec une plus grande exactitude, lorsqu'on veut l'employer à la détermination d'autres éléments du plan par le calcul trigonométrique.

Remarque. On peut obtenir la mesure d'un angle à une minute près, en se servant du *vernier circulaire*. En effet, chaque

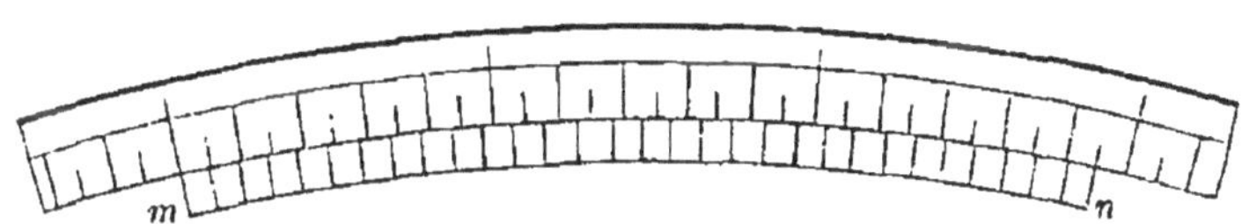

extrémité de l'alidade est terminée par un arc *mn* qui a le même centre que le cercle du graphomètre ; on a pris sur cet arc, à partir du zéro de l'alidade et dans le sens de la graduation correspondante du cercle, la longueur *mn* de 29 divisions qu'on a partagées en 30 parties égales. C'est ce complément de l'alidade qu'on appelle *vernier*, nom de l'inventeur. Chaque division du cercle étant d'un demi-degré ou de 30 minutes, une division du vernier est égale aux $\frac{29}{30}$ de 30 minutes, c'est-à-dire à 29 minutes : il y a donc une différence d'une minute entre une division du cercle et une division du vernier.

Cela posé, lorsqu'en mesurant un angle avec le graphomètre, on trouve le zéro du vernier compris entre deux points de division A et B du cercle, le point A fait connaître le nombre de demi-degrés contenus dans cet angle. Pour évaluer ensuite la grandeur de l'arc AO, on cherche les traits de division qui coïncident sur le vernier et sur le cercle. Je suppose que ce

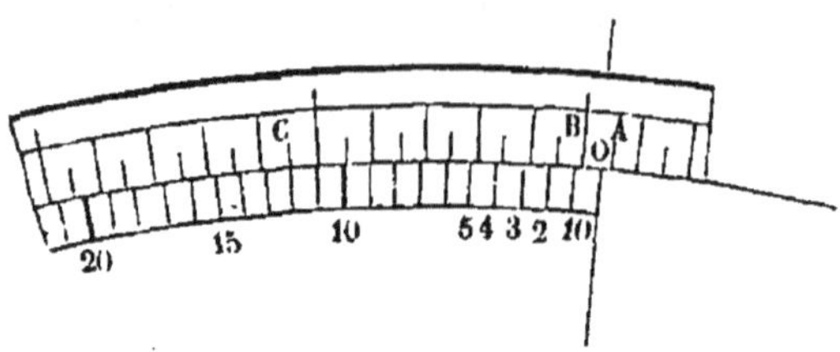

soit au point C, à l'extrémité de la douzième division du vernier, et je dis que l'arc AO est de 12 minutes. En effet, l'arc AC contient 12 divisions du cercle, et l'arc OC 12 divisions du vernier; donc leur différence AO est égale à 12 fois la différence d'une division du cercle et d'une division du vernier, c'est-à-dire à 12 minutes. S'il n'y a aucune coïncidence entre les points de division du cercle et du vernier, on cherche ceux qui sont les plus rapprochés, et l'on mesure l'arc AO comme si ces points coïncidaient. L'erreur qui résulte de cette fausse supposition est évidemment moindre que la différence de deux divisions du cercle et du vernier, c'est-à-dire moindre qu'une minute.

PROBLÈME VII.

Mesurer la projection horizontale d'un angle avec le graphomètre.

Lorsqu'on veut mesurer la projection horizontale d'un angle AOB, on place le graphomètre de manière que le cercle soit horizontal et que son centre se trouve sur la verticale du sommet O de l'angle. On vise ensuite avec les pinnules fixes le jalon planté au point A, et avec les pinnules de l'alidade le jalon planté au point B. Les deux plans de visée étant verticaux, puisque l'axe de rotation de l'alidade par lequel ils passent l'un et l'autre est vertical, l'angle qu'on lit sur le limbe du graphomètre est la projection horizontale de l'angle AOB.

On vérifie l'horizontalité du cercle du graphomètre en posant dessus un *niveau à bulle*. Ce petit instrument consiste en un tube cylindrique de verre, légèrement courbé au milieu de sa longueur, et fermé à ses deux extrémités. Il est presque entièrement rempli d'un liquide coloré; une

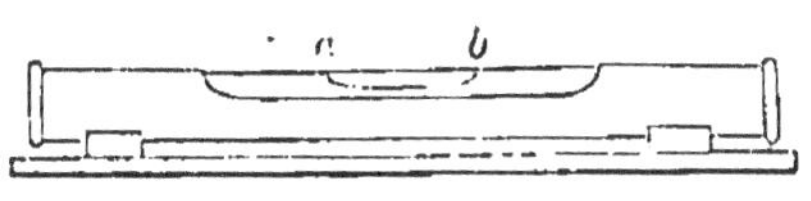

bulle d'air occupe le reste de sa capacité. Ce tube a une enveloppe de cuivre, découpée dans la partie convexe du tube et fixée à une plaque du même métal, dont la surface est plane et qui sert de base à l'instrument. La bulle d'air, étant plus légère que le liquide, occupe toujours la partie la plus élevée du tube; deux traits *a* et *b* marqués sur le verre indiquent dans quelle partie la bulle se tient, lorsque le niveau est placé sur un plan horizontal. Si l'on met cet instrument sur une surface qui ne soit pas horizontale, la bulle ne reste pas entre les deux traits; on la voit monter et s'arrêter dans la partie la plus élevée du tube. Il est donc facile de reconnaître avec le niveau à bulle si le cercle du graphomètre est horizontal ou non.

Lorsque les côtés de l'angle AOB dont on cherche la projection horizontale se trouvent sur un terrain en pente, il peut arriver que, le cercle du graphomètre étant placé horizontalement au-dessus du sommet O de l'angle, les points A et B soient trop éloignés de son plan pour qu'on puisse les apercevoir à travers les pinnules. Si la pente du terrain est faible, on mesure l'angle AOB lui-même et on le prend pour sa projection horizontale dont il diffère très-peu. L'erreur qui en résulte est moindre

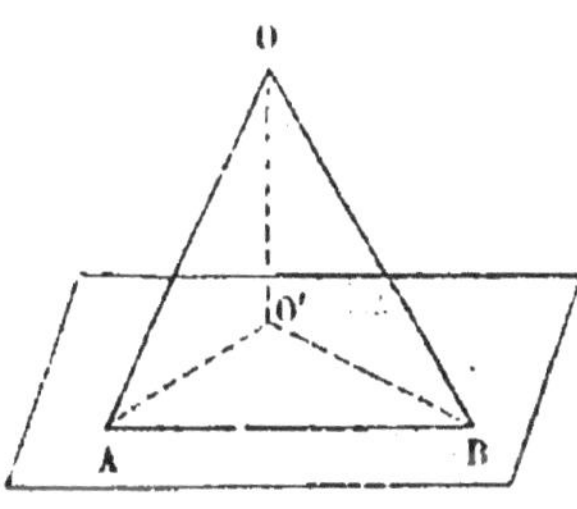

que le degré de précision auquel on peut atteindre en rapportant l'angle sur le papier. Cette substitution de l'angle AOB à sa projection horizontale n'est plus possible lorsque la pente du terrain est très-grande, comme dans un pays de montagnes. Il faut alors mesurer successivement avec le graphomètre l'angle AOB et les angles AOO′, BOO′ que ses côtés font avec la verticale OO′ du point O. De la connaissance de ces trois angles, qui forment un angle trièdre OABO′, on déduit, au moyen d'une construction géométrique, l'angle BO′A qui mesure l'angle dièdre AOO′B, et qui n'est autre que la projection horizontale de l'angle AOB.

Il est préférable de remplacer l'alidade à pinnules du graphomètre par une alidade qui porte une lunette *plongeante*, c'est-à-dire pouvant tourner autour d'un axe horizontal, dans le plan vertical qui passe par les zéros de l'alidade. Le graphomètre, ainsi modifié, donne la projection horizontale d'un angle, quelle que soit la pente du terrain.

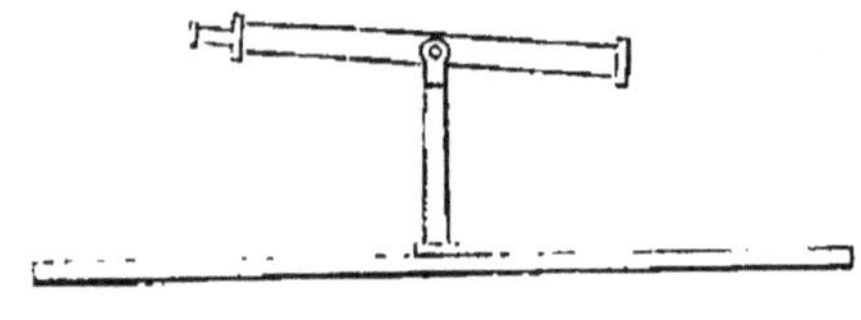

Levé à la chaîne et au graphomètre.

Le levé à la chaine et au graphomètre s'exécute, comme le levé au mètre, par la méthode de cheminement ou par la méthode des intersections. Mais, au lieu de mesurer les projections horizontales des angles avec la chaine, on les mesure avec le graphomètre.

Si, pour lever le plan d'un terrain accessible tel que ABCDEFK par la méthode des intersections, on prend une base MD située sur le terrain même, les angles qu'il faut mesurer ne sont pas situés du même côté de cette ligne. On utilise alors les deux graduations du graphomètre. Voici comment on procède pour les angles qui ont leurs sommets à l'extrémité M de la base : on place le centre du graphomètre dans la verticale du point M, puis on rend le cercle horizontal et l'on amène son diamètre *gd* dans la direction MD. Le cercle étant fixé dans cette

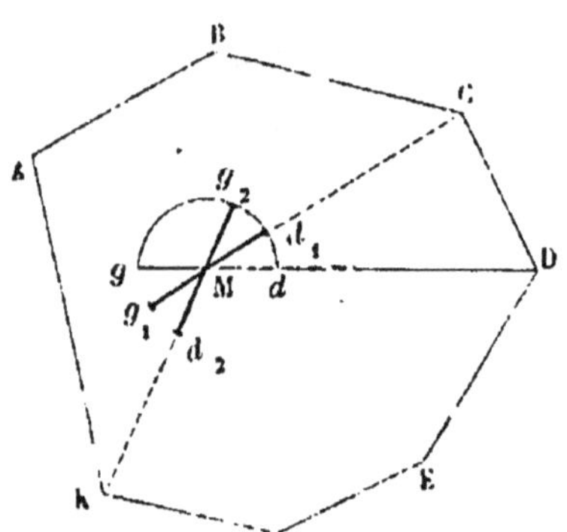

position, on vise par la pinnule g de l'alidade mobile, en la faisant tourner de gauche à droite ; le plan de visée de l'alidade

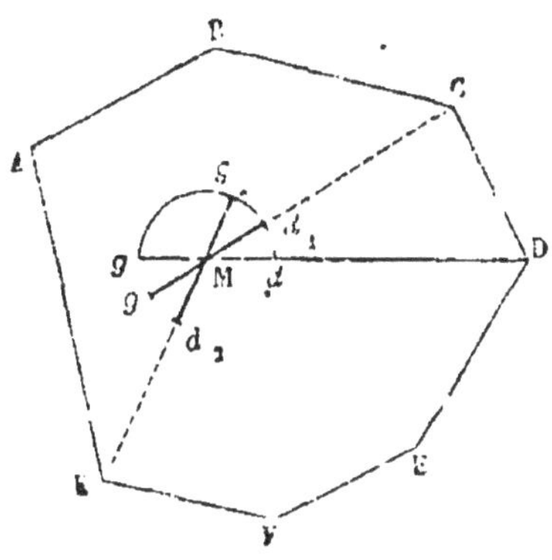

passe successivement par les points C, B, A, qui sont au delà de la base, et l'on mesure les angles DMC, DMB, DMA, en lisant leur valeur sur la graduation extérieure qui commence à l'extrémité d du diamètre gd. Si l'on continue de faire tourner l'alidade dans le même sens et qu'on vise toujours par la même pinnule, le plan de visée rencontre d'abord le sommet K, puis le sommet F et enfin le sommet E. En remarquant que les angles DMK, gMg_2 sont opposés au sommet et, par conséquent, égaux, on est conduit à lire la mesure de l'angle gMg_2 sur la graduation intérieure qui commence à l'extrémité g du diamètre gd, pour avoir celle de l'angle DMK. On opère de même pour les angles DMF, DME, qui se trouvent en deçà de la base MD. On se transporte ensuite à l'autre extrémité D de la base et l'on y mesure de la même manière les angles MDA, MDB, MDC, MDE, etc., après avoir donné la direction DM au diamètre dg du cercle. Ainsi, l'on emploie la double graduation du graphomètre lorsqu'on fait faire à l'alidade le tour de l'horizon.

Rapporter le plan sur le papier. — Échelle de réduction.

Après avoir levé le plan d'un terrain, il faut *rapporter ce plan sur le papier*, c'est-à-dire construire en petit, sur une feuille de papier, une figure semblable à celle du terrain. Comme la géométrie enseigne à tracer une figure semblable à une figurè donnée, je ne ferai que quelques observations pratiques sur cette question.

Le rapport d'une ligne droite d'un plan à celle qui lui correspond sur le terrain se nomme échelle du plan. Si ce rapport est égal à 0,01, on dit que le plan est construit au centième, ou à l'échelle de 0,01. La valeur de l'échelle doit varier avec le nombre de détails qu'on veut marquer sur le plan. Les échelles

les plus usitées pour les terrains de peu d'étendue sont :

$$\frac{1}{1000},\ \frac{1}{1250},\ \frac{1}{2000}\ \text{et}\ \frac{1}{2500}.$$

Si le terrain est trop vaste pour qu'on puisse le représenter avec tous ses détails sur une seule feuille de papier, on le divise en plusieurs parties dont on lève les plans à l'échelle donnée sur des feuilles de papier différentes. On fait ensuite le levé de l'ensemble, à une échelle plus petite, pour indiquer la disposition relative des feuilles de détails. On prend alors les échelles suivantes :

$\frac{1}{2500}$ pour les plans spéciaux de peu d'étendue, et $\frac{1}{5000}$ pour leur ensemble;

$\frac{1}{10000}$ pour les plans spéciaux de moyenne grandeur, et $\frac{1}{20000}$ pour leur ensemble;

c'est à $\frac{1}{40000}$ qu'on a fait les feuilles de détails de la carte de France, et à $\frac{1}{80000}$ l'ensemble de ces feuilles.

On a donné par extension le nom d'*échelle graphique* à une figure géométrique sur laquelle on trouve immédiatement les longueurs des lignes d'un terrain réduites dans un certain rapport, et réciproquement. Soit proposé de construire une échelle graphique de $\frac{1}{2500}$; dans cette hypothèse, 2500 mètres sont représentés sur le plan d'un terrain par une ligne droite d'un mètre, et 100 mètres par une ligne droite de $0^m,04$.

On prend sur une ligne droite indéfinie une longueur AF de $0^m,04$ que l'on divise en dix parties égales. Chacune de ces parties représente dix mètres, puisque la ligne AF en représente cent; aussi les points de division sont désignés par les nombre 0,10,20,... 100. On porte ensuite la droite AF sur son prolongement, au moins autant de fois qu'il y a de centaines de mètres dans la plus grande distance qu'on ait à mesurer sur le terrain, et l'on indique ces nouvelles divisions par les nombres 100, 200, 300... Par chacun des points A, F, 100, 200,... B, on élève une perpendiculaire sur la droite AB; on porte sur l'une de ces perpendiculaires, par exemple sur FE, dix fois une même ligne d'une longueur arbitraire FI, et l'on trace des parallèles à la droite AB par les dix points de division qu'on numérote 1, 2, 3, ... 10. Enfin, on prend sur la dernière parallèle CD, à la gauche du point E, une longueur EG égale au dixième de AF, on tire la droite FG et l'on mène, par tous les points de division de AF, des droites parallèles à FG jusqu'à la rencontre de CD.

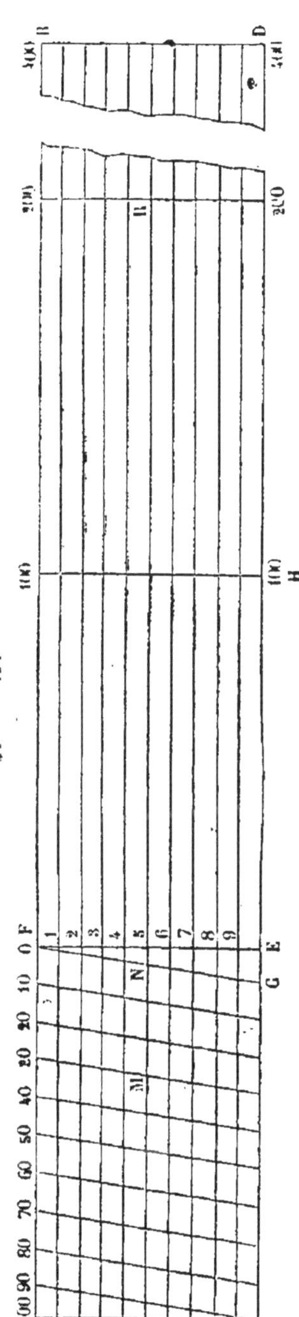

Le système de lignes droites tracées sur le rectangle ABDC est une échelle graphique. En effet, les centaines de mètres y sont représentées par les divisions de la droite FB, et les dizaines par les divisions de la droite FA ; je dis que les neuf premiers multiples du mètre le sont par les portions des droites parallèles à BA, comprises dans le triangle FEG. Pour démontrer, par exemple, que le segment N5, intercepté sur la cinquième parallèle, représente 5 mètres, je fais remarquer que les triangles FEG, FN5 sont semblables ; or, F5 égale les cinq dixièmes de FE, donc N5 égale aussi les cinq dixièmes de GE, c'est-à-dire cinq mètres.

Pour trouver la droite qui a une longueur donnée, par exemple une longueur de 235 mètres, on pose les pointes d'un compas aux points M et R où la cinquième droite parallèle à AB rencontre les transversales numérotées 30 et 200. La droite MR représente 235 mètres, car elle est composée des trois droites MN, N5, 5R qui sont respectivement égales à 30 mètres, 5 mètres et 200 mètres. Réciproquement, pour mesurer une ligne droite du plan, on cherche d'abord combien elle contient de centaines de mètres, en prenant la longueur de cette droite entre les pointes d'un compas et la portant sur la ligne FB. Si elle est plus grande que 200 mètres, mais moindre que 300, on évalue l'excès de sa longueur sur 200 mètres, en posant l'une des pointes du compas au numéro 200 de la droite FB et l'autre sur FA. Cette dernière peut se trouver à l'un des points de division de la droite FA, par exemple au point 30, ou bien entre deux de ces points, par exemple entre 30 et 40. La longueur de la droite est de 230 mètres dans la première hypothèse; dans la seconde, on fait glisser l'une des pointes du compas sur la transversale 200, en maintenant la droite qui les joint parallèle à AB, et l'on s'arrête lorsque l'autre pointe se trouve sur la transversale 30. Si cette seconde pointe du compas est en même temps sur la cinquième parallèle à la droite AB, la mesure cherchée est de 235 mètres; si, au contraire, elle est comprise entre la cinquième parallèle et la sixième, la droite considérée est plus grande que 235 mètres et moindre que 236; on peut donc connaître sa longueur à un demi-mètre près, en déterminant, à la simple vue, de laquelle des deux parallèles la pointe du compas est le plus rapprochée.

Il résulte de ce qui précède qu'on ne peut apprécier, sur le plan d'un terrain construit à l'échelle de $\frac{1}{2500}$, la différence de deux droites, lorsqu'elle est moindre que la moitié du mètre. A l'échelle de $\frac{1}{20000}$, deux longueurs qui diffèrent de 2 mètres paraissent égales; car une ligne de 2 mètres est représentée sur le plan par $0^m,0001$, et l'on sait par l'expérience que $\frac{1}{5}$ de millimètre est la limite des grandeurs appréciables à la simple vue sur le papier. L'échelle d'un plan fait donc connaître le degré de précision qu'il est inutile de dépasser dans la mesure des lignes sur le terrain.

Lorsqu'on veut faire le plan d'un terrain à une échelle donnée $\frac{1}{\alpha}$, il faut commencer par déterminer les dimensions que doit avoir la feuille de papier sur laquelle on se propose de tracer le plan. Pour cela on fait un croquis *abcdef* du contour du plan à une échelle quelconque $\frac{1}{\beta}$, aussi petite qu'on le veut, et l'on circonscrit à cette figure un rectangle *mnpr*. On prend ensuite les dimensions x et y de la feuille de papier respectivement égales aux produits $mr \times \frac{\beta}{\alpha}$, $mn \times \frac{\beta}{\alpha}$, des dimensions mr, mn, du rectangle *mnpr*, multipliées par le rapport de deux échelles $\frac{1}{\alpha}$, $\frac{1}{\beta}$. Ces valeurs de x et y satisfont à la question; car la figure *mnpr* représente, à l'échelle $\frac{1}{\beta}$, un rectangle qui enveloppe de toutes parts le terrain, et dont les vraies dimensions sont $mr \times \beta$, $mn \times \beta$. Si l'on réduit ces lignes à l'échelle $\frac{1}{\alpha}$, elles deviennent $\frac{mr \times \beta}{\alpha}$, $\frac{mn \times \beta}{\alpha}$; on peut donc les prendre, ainsi réduites, pour les côtés du papier sur lequel le plan doit être tracé à l'échelle $\frac{1}{\alpha}$.

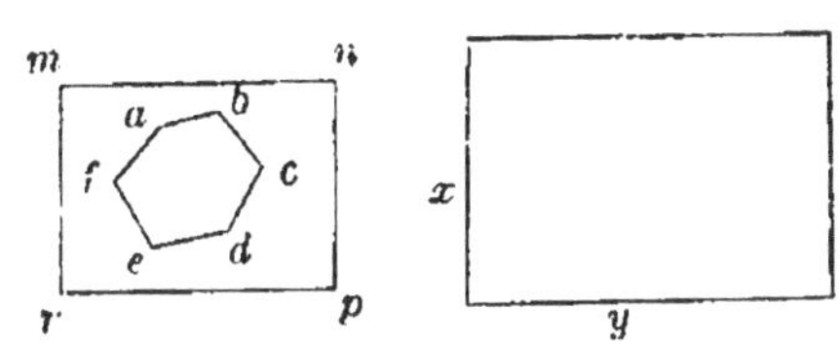

On résout de la même manière le problème inverse, dans lequel on cherche à quelle échelle on peut tracer un plan sur une feuille de papier donnée.

Je terminerai ces observations en faisant remarquer que le point d'intersection de deux lignes est mal déterminé sur le papier, lorsque ces lignes se coupent sous un angle très-aigu ou très-obtus. En effet, au lieu de n'avoir qu'un point commun, ces lignes coïncident alors dans une petite portion de leur étendue, à cause de leur épaisseur. C'est pour cette raison qu'on évite autant que possible les angles très-aigus et très-obtus dans le levé des plans.

TROISIÈME LEÇON

PROGRAMME : Levé à la planchette.

1.

L'instrument connu sous le nom de *planchette* sert à lever et à dessiner simultanément le plan d'un terrain. Il consiste en une petite planche unie A, de forme rectangulaire ou carrée, posée sur un pied à trois branches. La tige de la sphère d'un genou à coquilles est fixée au centre de cette planche, que la douille du genou réunit au trépied.

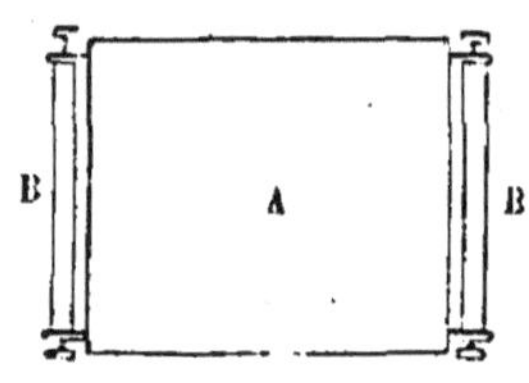

Deux rouleaux B, pouvant tourner sur leurs axes qui sont liés d'une manière invariable à deux côtés opposés de la planchette, servent à tendre et à rouler au fur et à mesure le papier sur lequel on dessine le plan. Lorsque ce papier est trop petit pour être placé sur les rouleaux, on en colle les bords sur la planchette.

On met cet instrument dans une position horizontale, au moyen du niveau à bulle, de la même manière que le cercle du graphomètre; mais il conserve difficilement cette position, parce que le genou à coquilles est peu stable et qu'on s'appuie toujours un peu sur le plateau qui sert de table à dessin. Aussi, on remplace généralement le genou à coquilles de la planchette par le genou à la *Cugnot* qui est plus solide. Celui-ci est formé de deux cylindres dont les axes se coupent à angle droit et qui sont invariablement liés entre eux. Le cylindre supérieur est compris entre deux montants en bois H, fixés sous un plateau carré ou circulaire D. Ce plateau peut tourner autour d'un boulon qui traverse le cylindre dans le sens de son axe et les deux montants; on arrête ce mouvement en pressant les montants contre le cylindre avec l'écrou *g*, placé à l'extrémité *e* du boulon. Deux autres montants II′, qui font partie du trépied, comprennent entre eux le cylindre inférieur; ils sont aussi traversés, dans le sens de l'axe du cylindre, par un boulon autour duquel le système des deux cylindres et, par suite, le plateau D peuvent tourner. L'écrou *g′* sert à arrêter ce mouvement. Le plateau D porte un plateau carré C, plus grand et mobile autour d'un axe qui est perpendiculaire à leurs surfaces et passe par leurs centres. C'est avec la vis de pression *f* qu'on fixe la position du plateau C sur le plateau D.

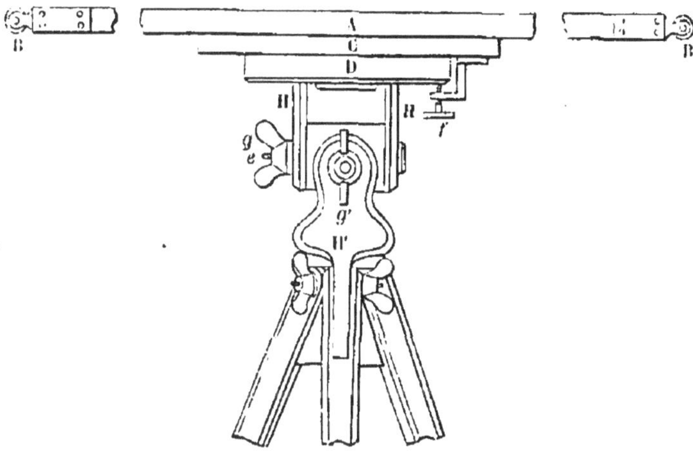

Lorsqu'on veut mettre la planchette sur son pied, on fait pénétrer le plateau C entre deux coulisses attachées à la surface inférieure de la planchette. Cet instrument a donc trois mouvements de rotation possibles : le premier autour de l'axe du cylindre inférieur, le second autour de l'axe du cylindre supérieur, et le troisième autour d'une droite perpendiculaire au plateau C et passant par son centre. C'est au moyen des deux premiers mouvements qu'on rend la planchette horizontale; par le troisième, on la fait tourner sur elle-même, de sorte qu'on peut amener un point donné de sa surface dans un plan vertical quelconque, passant par l'axe de rotation.

Pour déterminer la direction du rayon visuel mené à un point quelconque et tracer sa projection sur la planchette placée dans une position horizontale, on se sert d'une alidade à pinnules, semblable à celle du graphomètre. Le plan de visée passe par l'arête MN de l'alidade ou lui est parallèle, de sorte que la droite tirée sur la planchette le long de cette arête, qu'on appelle *ligne de foi*, représente la projection du rayon visuel, ou elle est parallèle à cette projection. La vérification du parallélisme de la ligne de foi et du plan de visée est facile. Il suffit, en effet, de reconnaître si l'on aperçoit un même objet à travers les pinnules, en donnant à l'alidade deux positions différentes sur une table horizontale le long de la même droite et du même côté de cette droite. Si l'objet reste dans le plan de visée, lorsqu'on passe de la première position à la deuxième, la ligne de foi est parallèle à ce plan. Dans l'hypothèse contraire, leurs directions prolongées se rencontrent et l'alidade est fausse.

Dans certaines alidades on a remplacé les deux pinnules par une lunette qui peut tourner autour d'un axe horizontal et perpendiculaire à la ligne de foi. Cet axe est porté par un pied de forme quelconque fixé au milieu de l'alidade.

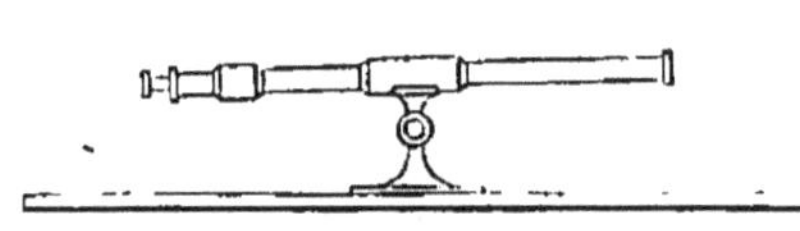

Levé à la planchette.

Pour lever le plan d'un polygone ABCDE avec la planchette, on tend d'abord sur la tablette une feuille de papier de grandeur convenable, puis on prend sur cette feuille un point *a* et une droite *ab*, parallèle à l'un des bords de la planchette, pour les projections du point A et de la droite AB. Il s'agit ensuite de *mettre la planchette en station* sur le point A, c'est-à-dire de lui donner une position horizontale telle que la droite *ab* se trouve dans

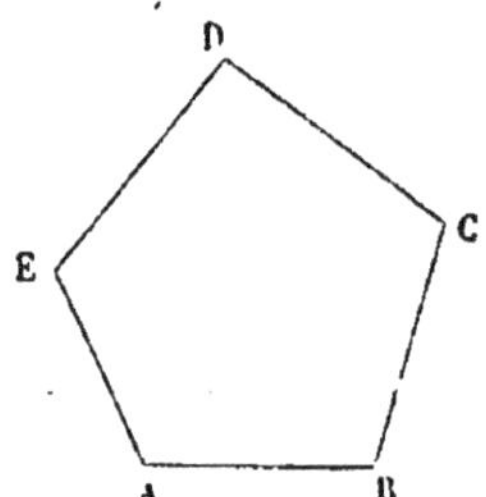

le plan vertical passant par la droite AB, et le point *a* sur la verticale du point A.

On commence par *mettre* la planchette *de niveau*, c'est-à-dire dans une position horizontale quelconque au-dessus du point A. On fait ensuite coïncider la ligne de foi avec la droite *ab*, puis on soulève la planchette sans changer la disposition relative de ses pieds, pour amener le plan de visée à passer par la droite AB, dont la direction est indiquée par deux jalons M et N. Ce n'est qu'après quelques tâtonnements qu'on place la planchette dans cette position ; on dit alors qu'elle est *orientée* sur la droite AB. Pour la *mettre au point*, c'est-à-dire pour amener le point *a* dans la verticale du point A, on plante une aiguille *al* au point *a* sur la planchette, de manière qu'elle soit verticale. On applique ensuite un fil à plomb contre l'un des bords de la table, dans une position *o* telle que la droite *oa* et, par suite, le plan déterminé par les directions parallèles du fil à plomb et de l'aiguille soient perpendiculaires à *ab* ou à AB. Si le plan *lao* passe par le point A, le point *a* est situé sur la verticale du point A et la planchette est en station. Dans l'hypothèse contraire, on estime à la simple vue la distance AA′ du point A au plan vertical *lao*, et l'on transporte la planchette parallèlement à elle-même dans le sens A′A, pour amener le plan à passer par le point A.

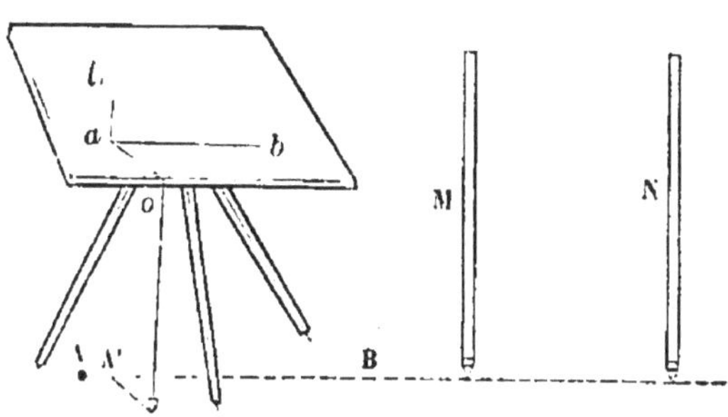

Les trois opérations dont se compose la mise en station de la planchette ne sont pas indépendantes les unes des autres, d'après la manière dont on les exécute. Ainsi, chacun des déplacements qu'on fait subir à cet instrument pour l'orienter et le mettre au point, altère le plus souvent son horizontalité ; si on le ramène à être horizontal, le point *a* sort de la verticale du point A, de sorte que cette première correction conduit à une seconde ; celle-ci conduirait à une troisième, etc. Il est donc très-difficile, sinon impossible, de satisfaire à toutes les conditions de la mise en station d'une planchette. Heureusement, il n'est pas nécessaire d'exécuter cette opération avec une très-grande exactitude; ainsi le point *a* peut se trouver à un décimètre de la verticale du point A, sans qu'il en résulte une erreur sensible sur le plan, lors même qu'on le supposerait construit à une grande échelle, par exemple à 0,001. En effet, un décimètre est représenté à cette échelle par 0,0001, grandeur inappréciable à la simple vue.

Cela posé, pour lever le plan d'un polygone ABCDE, on emploie, d'après l'état du terrain, l'une des trois méthodes suivantes.

1° *Méthode de cheminement*. On mesure d'abord un côté quelconque du polygone, par exemple le côté AB; puis on prend sur la planchette le point *a* et la droite *ab* pour les projections du point A et de la droite AB réduite à l'échelle donnée ; dès lors, le point *b* est la projection du sommet B. On met ensuite la planchette en station au point B, en l'orientant sur la droite BA; on applique la ligne de foi de l'alidade contre une aiguille plantée verticalement au point *b* du plan, et l'on fait tourner l'alidade autour de l'aiguille, comme axe, jusqu'à ce qu'on aperçoive à travers les pinnules le jalon placé au sommet suivant C. En traçant la droite *bc* le long de la ligne de foi, on a la projection du côté BC sur la planchette, de sorte que l'angle *abc* est la projection horizontale de l'angle ABC. On mesure alors la longueur du côté BC et on la porte sur la droite *bc*, après l'avoir réduite à l'échelle. Soit *c* la projection du sommet C; on se transporte à ce sommet et l'on y met en station la planchette qu'on oriente sur la droite CB. On vise ensuite le jalon qui signale le sommet D, en appuyant la ligne de foi de l'alidade contre une aiguille plantée au point *c* du plan. Dans cette posi-

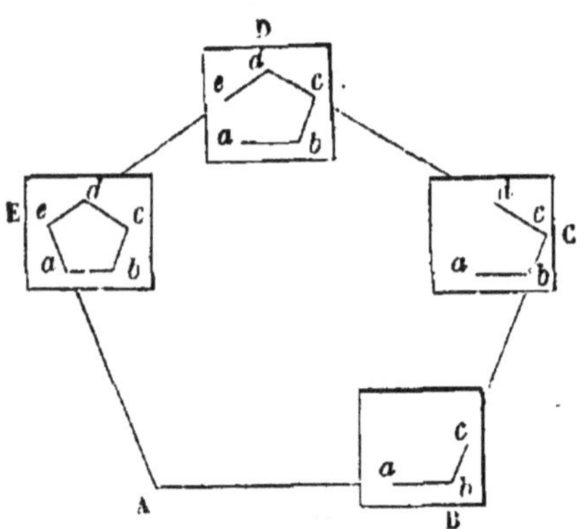

tion de l'alidade, la ligne de foi représente la projection du côté CD sur le plan; si l'on trace le long de cette ligne la droite *cd* et qu'on la prenne égale à la longueur du côté CD, réduite à l'échelle, le point *d* est la projection horizontale du sommet D. En continuant ainsi, on arrive à mettre la planchette en station au dernier sommet E du polygone; pour reconnaître si les opérations précédentes sont exactes, on dirige l'alidade suivant la droite EA et l'on trace sur le plan la droite représentée par la ligne de foi. Lorsque cette droite passe par le point *a*, et que la distance *ea* est égale à la longueur réduite du côté EA, le plan est bien levé. Dans le cas contraire, la projection du polygone ABCDE est mal déterminée, puisque cette ligne n'est pas fermée; il faut alors recommencer le levé.

2° *Méthode des intersections.* Soit AB la droite que l'on prend pour la base du levé; on mesure cette base et on porte sur la planchette sa longueur *ab* réduite à l'échelle donnée. Les points *a* et *b* sont alors les projections des sommets A et B du polygone. Cela fait, on met la planchette en station au point A, en l'orientant sur la droite AB; puis on vise successivement tous les sommets C, D, E, extérieurs à la base, en appuyant la ligne de foi contre une aiguille plantée verticalement au point *a* du plan, et l'on trace sur le papier les projections des rayons visuels dirigés suivant les droites AC, AD, AE. On se transporte ensuite au point B et l'on y met la planchette en station, en l'orientant sur la droite BA. On vise alors les sommets C, D, E dans le même ordre qu'à la station A, et l'on trace les projections des rayons visuels dirigés vers ces points. Les intersections *c*, *d*, *e*, des lignes de même rang, tracées sur la planchette aux deux stations, sont les projections des sommets C, D, E du polygone.

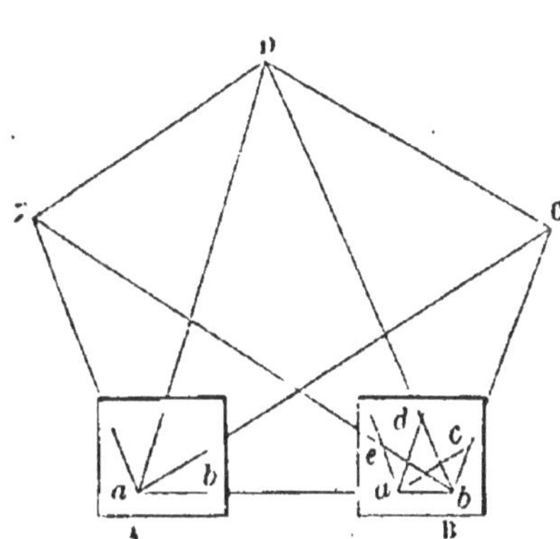

Pour vérifier ce levé on peut mesurer un ou deux côtés

du polygone ABCDE et voir si leurs longueurs, réduites à l'échelle, sont égales aux côtés correspondants du plan.

3° *Méthode de rayonnement*. Lorsque l'intérieur du terrain est accessible et libre, on peut éviter le déplacement de la planchette en la mettant en station en un point quelconque *o* de l'intérieur ; on trace alors sur le plan les projections des droites *o*A, *o*B, *o*C,... qui joignent le centre de station aux différents sommets A, B, C.... du polygone, et l'on porte sur ces droites les longueurs des distances *o*A, *o*B, *o*C,... réduites à l'échelle.

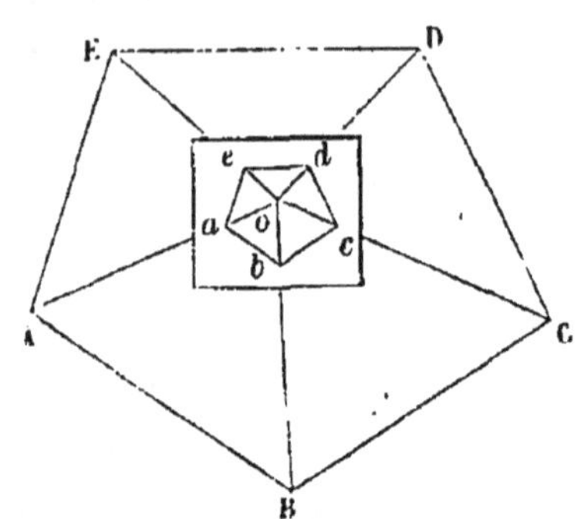

Pour vérifier le levé, on peut, comme dans la méthode précédente, mesurer un ou plusieurs côtés du polygone et voir si leurs longueurs, réduites à l'échelle, sont égales aux côtés correspondants du plan.

La planchette sert aussi à lever les détails d'un plan dont le canevas a été levé avec les instruments précédents. Dans ce cas on détermine chaque point des détails par la méthode des intersections, en prenant pour base l'un des côtés du canevas.

QUATRIÈME ET CINQUIÈME LEÇON

PROGRAMME : Déterminer la distance à un point inaccessible ; la distance entre deux points inaccessibles.—Prolonger une ligne droite au delà d'un obstacle qui arrête la vue.

Par trois points donnés, mener une circonférence lors même qu'on ne peut approcher du centre.

Trois points A, B, C, étant situés sur un terrain uni et rapportés sur une carte, déterminer sur cette carte le point P d'où les distances AB et AC ont été vues sous des angles qu'on a mesurés.

PROBLÈME I.

Déterminer la distance d'un point accessible A *à un point inaccessible* B.

1. On trace et l'on mesure sur le terrain accessible, à partir du point A, une base AC d'une longueur convenable, c'est-à-dire ni trop grande ni trop petite par rapport à la distance AB estimée à la simple vue. On mesure ensuite avec le mètre, le graphomètre ou la planchette, les angles BAC, BCA que cette base fait avec les droites qui joignent ses extrémités au point inaccessible B ; on construit sur le papier, à une échelle quelconque, un triangle semblable au triangle ABC, puis on évalue, à l'aide de la même échelle, la distance demandée.

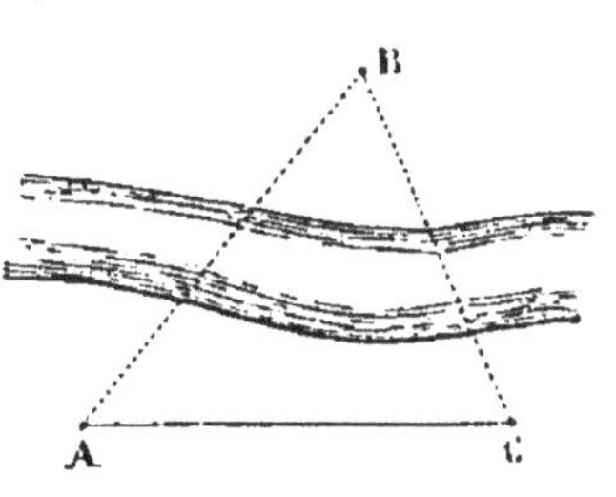

2. Lorsque le terrain sur lequel on opère est assez étendu, on peut éviter de construire une échelle et un triangle semblable au triangle ABC, en traçant sur le terrain même un triangle égal à ABC et mesurant à la chaîne la longueur du

côté égal à AB. En effet, on choisit sur le terrain, comme dans la méthode précédente, une base AC dont on joint l'extrémité C par des droites au point B et à un point accessible D de la ligne AB; on mesure les distances AC, DC et on les prolonge au delà du point C de quantités CA′, CD′ qui leur soient respectivement égales. On détermine ensuite le point d'intersection B′ des deux directions BC, A′D′, et l'on mesure la distance A′B′ qui est égale à AB. En effet, les triangles ACD, A′CD′ qui ont un angle égal compris entre deux côtés égaux chacun à chacun, sont égaux, ainsi que leurs angles DAC, D′A′C. Les triangles ABC, A′B′C ont par suite un côté égal adjacent à deux angles égaux chacun à chacun; donc le côté A′B′ de l'un est égal au côté AB de l'autre.

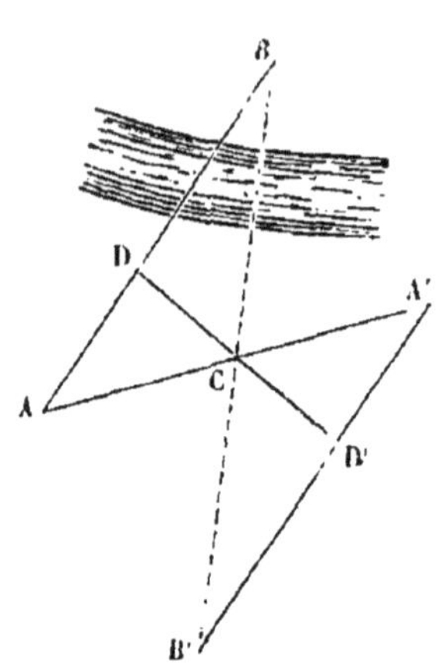

3. Si l'on a une équerre d'arpenteur à sa disposition, on peut encore opérer de la manière suivante : Par le point A on élève une perpendiculaire AM sur la droite AB, puis on marche dans la direction AM, en portant devant soi une équerre de manière que l'un de ses plans de visée passe toujours par la droite AM. Tout en avançant, on vise dans la direction qui fait un angle de 45 degrés avec la ligne AM, et l'on s'arrête lorsqu'on aperçoit le point B. Soit alors C la position de l'équerre; on y plante un jalon et l'on mesure la distance AC qui est égale à AB, car le triangle rectangle ABC, dont les angles B et C sont égaux, est isocèle.

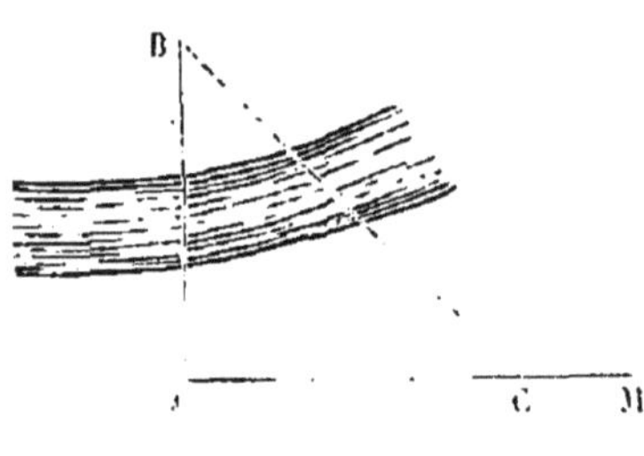

Remarque. Une construction semblable à celle du second procédé sert aussi à *tracer une parallèle à une droite* AB *par un point donné* A′. (Même figure.)

En effet, si l'on mesure la distance du point A′ à un point quelconque A de la droite AB; qu'on en détermine le milieu C, pour le joindre par une droite à un autre point D de la ligne AB ; et qu'on prolonge la distance DC d'une quantité CD′ qui lui soit égale, la droite menée par les deux points A′, D′ est parallèle à AB. Car les angles alternes-internes CAD, CA′D′, qu'elles font avec la sécante AA′, sont égaux, à cause de l'égalité des deux triangles ADC, A′D′C.

PROBLÈME II

Déterminer la distance de deux points inaccessibles A *et* B.

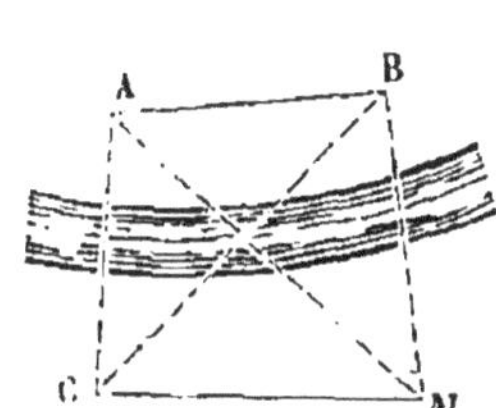

1. On choisit une base CM de longueur convenable sur le terrain que l'on peut parcourir. On lève ensuite le plan du quadrilatère ABMC avec la chaîne, le graphomètre ou la planchette, par la méthode des intersections, et l'on mesure sur ce plan la ligne AB avec le compas et l'échelle.

On évite de lever le plan du quadrilatère ABMC en opérant de la manière suivante sur le terrain. On trace par le point M une droite qui rencontre les lignes CA, CB, par exemple, aux points D et E ; puis on prend, sur les prolongements des droites CM, DM, les longueurs MC′, MD′ et ME′ respectivement égales aux lignes MC, MD et ME. On détermine ensuite le point d'intersection A′ des deux droites AM, C′D′, et celui B′ des deux droites BM, C′E′. En mesurant la distance des points accessibles A′ et B′, on a la distance des points inaccessibles A et B ; car les deux droites AB, A′B′ sont égales.

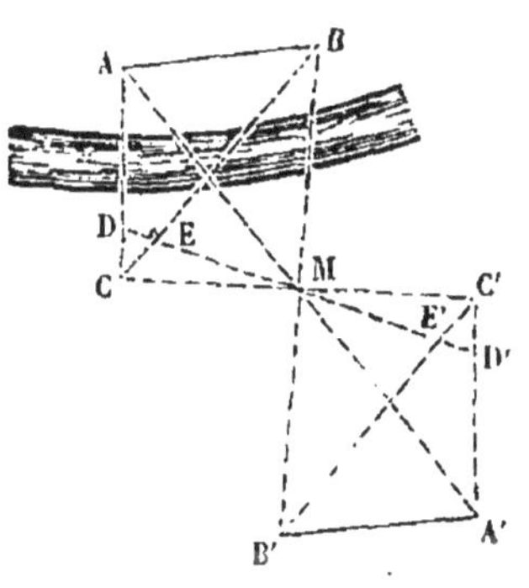

On prouve cette égalité en démontrant, comme dans le problème I, que les droites CA, C′A′ sont égales et parallèles, ainsi que les droites CB, C′B′. Il en résulte, en effet, que les triangles CAB, C′A′B′ ont un angle égal compris entre deux côtés égaux chacun à chacun, et, par suite, que le côté A′B′ est égal à AB.

2. On peut aussi résoudre le même problème en se servant de l'équerre d'arpenteur. En effet, par un point C convenablement choisi sur le terrain accessible, on trace les droites CD, CE respectivement perpendiculaires aux lignes CA, CB; puis on détermine, au moyen de l'équerre (probl. I), sur la droite CD, le segment CA′ égal à CA, et sur la droite CE le segment CB′ égal à CB. On mesure ensuite la distance des deux points accessibles A′, B′, et l'on a par suite la longueur de la droite AB; car les triangles ABC, A′B′C, ayant un angle égal compris entre deux côtés égaux chacun à chacun, le côté A′B′ est égal au côté AB.

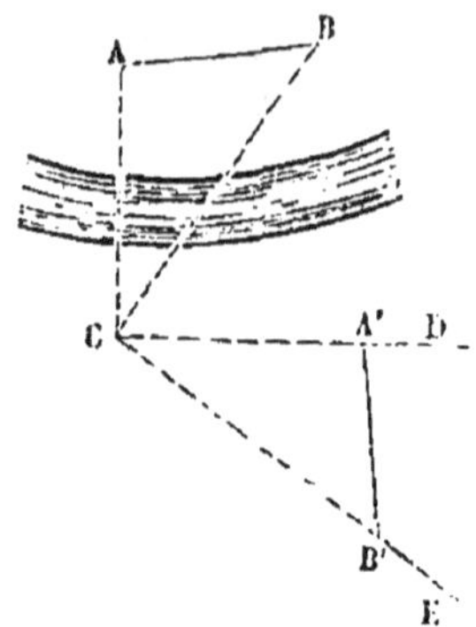

PROBLÈME III

Prolonger une ligne droite AB *au delà d'un obstacle* O *qui arrête la vue.*

1° Lorsque le terrain qui se trouve en avant de l'obstacle est spacieux et libre, on peut opérer de la manière suivante avec la chaîne seule :

On prend sur la droite AB deux points A, B suffisamment éloignés l'un de l'autre, et hors de cette droite un point M d'où l'on puisse apercevoir les objets situés des deux côtés de l'obstacle. On trace ensuite les droites AM, BM que l'on prolonge de quantités MA′, MB′, respectivement égales aux distances MA, MB, et l'on jalonne la droite A′B′ qui est parallèle à AB, à cause de l'égalité des triangles MAB, MA′B′. Cela fait, on choisit sur A′B′ deux points C′ et D′, tels que les droites C′M, D′M rencontrent le prolongement de AB au delà de l'obstacle : soient C et D ces intersections; pour les déterminer, il suffit évidemment de prendre la distance MC égale à MC′.

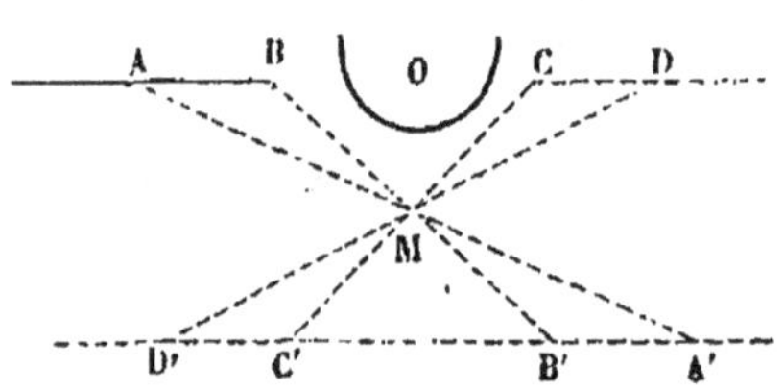

et la distance MD égale à MD′. En traçant la droite CD, on a enfin le prolongement de la droite AB au delà de l'obstacle O.

2° L'équerre d'arpenteur sert aussi à résoudre ce problème.

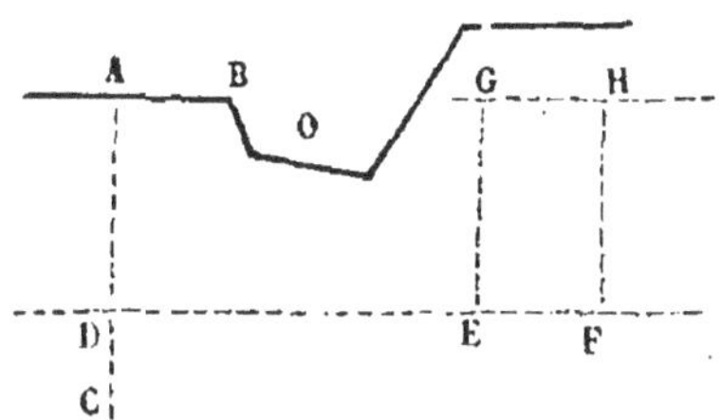

Avec cet instrument on trace sur la droite AB la perpendiculaire AC, et sur la droite AC elle-même une perpendiculaire DE qui ne rencontre pas l'obstacle O. Par deux points E et F de la droite DE, choisis du même côté de l'obstacle que le prolongement cherché de la droite AB, on élève des perpendiculaires sur DE, et l'on prend sur ces lignes des longueurs EG, FH égales à AD. Les points G et H appartiennent évidemment au prolongement de AB, car les lignes AB, DE sont parallèles, et leur distance est égale à AD.

On emploie particulièrement ce procédé lorsque le terrain sur lequel on opère est très-étroit, comme celui d'une rue.

PROBLÈME IV

Par trois points donnés A, B, C, *mener une circonférence, lors même qu'on ne peut approcher du centre.*

On trouve le centre et le rayon de cette circonférence en élevant des perpendiculaires au milieu des côtés du triangle ABC et déterminant le point d'intersection M de ces trois perpendiculaires, si toutefois il est accessible.

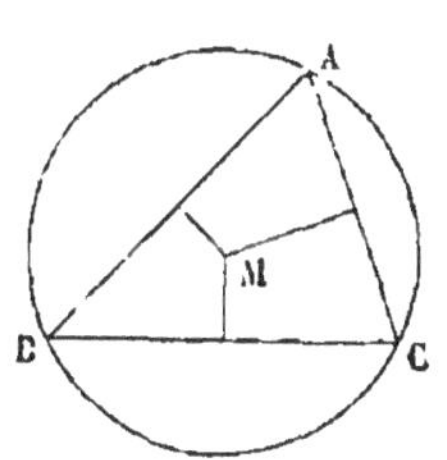

Lorsque le rayon MA est moindre que vingt mètres, on fixe au centre M l'une des extrémités d'une corde dont la longueur égale MA, et, si le terrain est uni, on trace la circonférence avec un piquet attaché à l'autre extrémité de la corde qu'on tient toujours tendue. Dans le cas contraire, c'est-à-dire si le terrain est inégal, on se contente d'indiquer avec des fiches, ou des piquets, un assez grand nombre de points de la circonférence pour que cette courbe soit convenablement déterminée.

Ce procédé est inapplicable lorsque la longueur du rayon de la circonférence dépasse vingt mètres, ou que le centre est inaccessible. Alors on a recours à la méthode suivante :

On met un graphomètre en station au point A, de manière que la ligne des zéros de la graduation du cercle passe par le point C ; puis on fait tourner l'alidade mobile de n, $2n$, $3n$,... degrés jusqu'à ce qu'elle soit revenue dans la direction AC, et l'on trace les alignements AC′, AC″, AC‴,... qui correspondent aux positions successives de la ligne de foi de l'alidade. On transporte ensuite le graphomètre au point B et on l'oriente par rapport à la droite BC, comme il l'était au point A relativement à la droite AC. Cela fait, on trace les alignements BC′; BC″, BC‴,... qui font avec BC les angles de n, $2n$, $3n$,... degrés, et l'on détermine les intersections C′, C″, C‴,... des alignements de même ordre aux deux stations. Chacun de ces points appartient à la circonférence cherchée. En effet, si l'on considère le point C‴, l'angle C‴AB est moindre que l'angle CAB de $3n$ degrés, et l'angle C‴BA surpasse l'angle CBA de la même quantité. La somme des angles C‴AB, C‴BA du triangle ABC‴ est donc la même que celle des angles CAB, CBA du triangle ABC. Il en résulte que le troisième angle AC‴B du premier triangle est égal au troisième angle ACB du second, et que le point C‴ fait partie de l'arc du segment capable de l'angle ACB, décrit sur la droite AB.

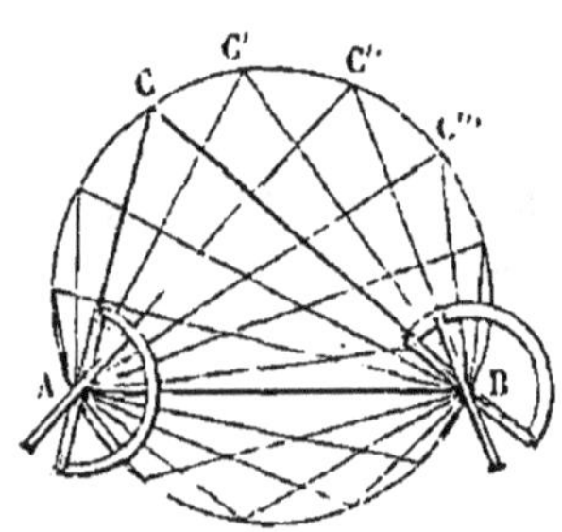

On choisit la valeur du nombre n d'après la grandeur du rayon de la circonférence et le degré d'exactitude qu'on veut avoir dans le tracé de cette courbe.

PROBLÈME V

Trois points A, B, C *étant situés sur un terrain uni et rapportés sur une carte, déterminer sur cette carte le point* P *d'où les distances* AB, BC *ont été vues sous des angles qu'on a mesurés.*

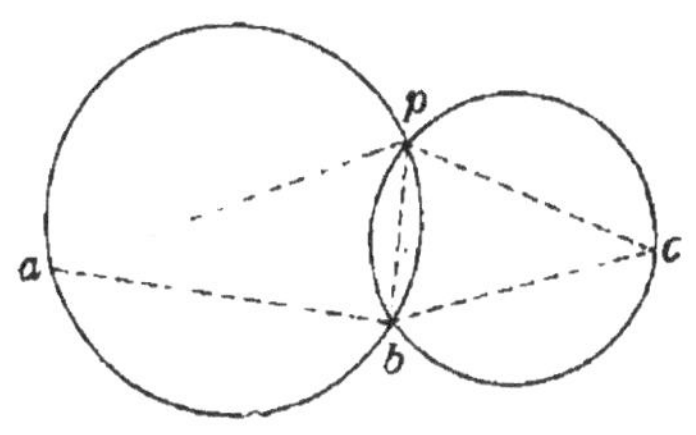

Sur les droites *ab*, *bc*, qui représentent sur la carte les distances AB, BC, on décrit des segments de cercle respectivement capables des angles APB, BPC et les arcs de ces segments se coupent en un point *p* qui est la projection demandée du point P.

Le point *p* est mal déterminé lorsque les arcs se coupent sous un angle très-aigu ; on s'en aperçoit avant le tracé des

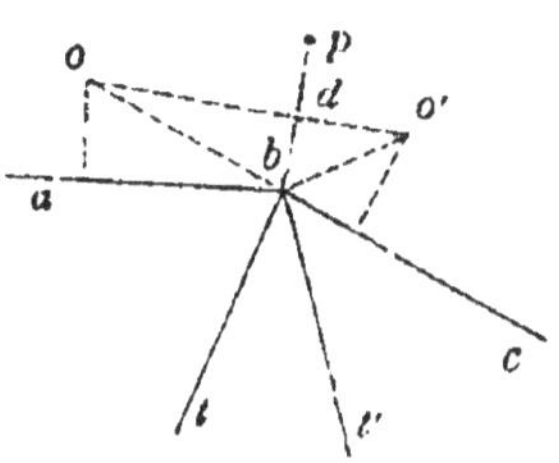

deux cercles, en cherchant leurs centre *o* et *o'*. En effet, pour avoir ces points, on tire les droites *bt*, *bt'*, qui font respectivement avec *ab* et *bc* les angles *abt*, *cbt* égaux aux angles observés APB, BPC. Or, ces droites sont tangentes aux deux cercles ; donc l'angle *tbt'* qu'elles font est précisément celui sous lequel les circonférences se coupent. Lorsque cet angle est très-petit, au lieu de décrire les deux circonférences qui déterminent le point *p*, on abaisse du point *b* la perpendiculaire *bd* sur *oo'*, et l'on prolonge cette ligne d'une longueur *dp* égale à *bd*. Le point *p* est évidemment l'intersection des deux circonférences, puisque la droite *oo'* qui joint leurs centres, est perpendiculaire au milieu de *bp*.

Le problème est indéterminé lorsque les points A, B, C et P

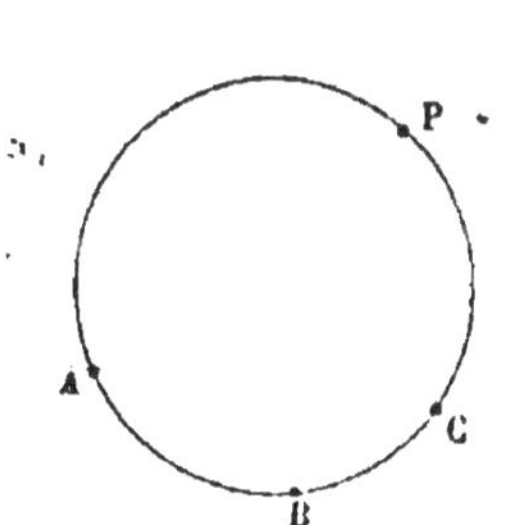

se trouvent sur la même circonférence ; car les deux circonférences *abp*, *bcp* coïncident, au lieu de n'avoir que deux points communs *b* et *p*.

Remarque. Ce problème sert à relever les détails d'un plan. En effet, si l'on mesure les angles sous lesquels on voit, d'un point extérieur au canevas d'un plan, deux côtés consécutifs de ce canevas, on pourra reporter ce point sur le plan en appliquant la méthode précédente.

SIXIÈME LEÇON

Programme. — Notions sur l'arpentage. — Cas où le terrain serait limité dans une de ses parties par une ligne courbe.

DÉFINITION

L'*arpentage* est l'art de mesurer les terrains. Il se compose de deux parties très-distinctes : la première consiste à prendre les mesures et à faire les opérations nécessaires sur le terrain avec la chaîne et l'équerre d'arpenteur; la seconde partie n'est autre chose que le calcul de l'aire du terrain même.

Si l'on a déjà levé le plan du terrain, on calcule, d'après les règles de la géométrie, l'aire de la figure que ce plan représente, après avoir mesuré à l'échelle toutes les lignes nécessaires. Dans le cas contraire, c'est-à-dire, lorsque le plan du terrain n'est pas levé, on peut d'abord faire ce plan, puis évaluer sur la carte l'étendue du terrain comme je viens de le dire. Mais il est plus simple d'opérer de la manière suivante qui n'exige pas la construction du plan du terrain.

PROBLÈME I

Mesurer un terrain dont le contour est rectiligne et l'intérieur accessible.

1re *Méthode.* Soit à mesurer le terrain terminé par la ligne polygonale ABCDEFG; je le décompose en triangles par les diagonales AC, AD, AE, AF, que je tire du sommet A, et je mesure un côté de chaque triangle, ainsi que la hauteur correspondante que je trace avec l'équerre. Je calcule ensuite les aires de tous les triangles et je fais la somme des résultats.

On peut abréger beaucoup ce travail en prenant, lorsque c'est possible, le côté commun à deux triangles consécutifs, tels que ABC, ACD pour la base de l'un et de l'autre; car on ne mesure qu'une base au lieu de deux, et la somme des aires de ces triangles s'obtient par un seul calcul, qui consiste à multiplier la base commune AC par la demi-somme des hauteurs BH et DK.

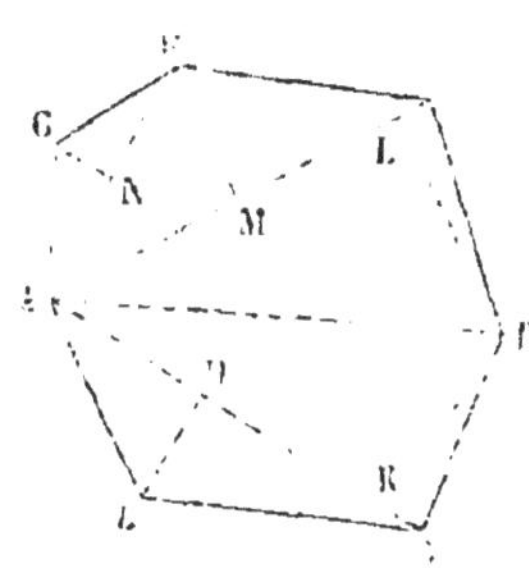

On inscrit sur un croquis du terrain, ou dans un tableau préparé d'avance, les mesures des bases et des hauteurs de tous les triangles dans l'ordre des opérations. Voici un exemple :

TRIANGLES	BASES	HAUTEURS	AIRES.
ABC	AC = 15,75 m	BH = 6,80 m	111,9825 m. c.
ACD		DK = 7,42	
ADE	AE = 12,20	DL = 8,12	87,9620
AEF		FM = 6,50	
AGF	AF = 10,40	GN = 5,20	27,0400
		L'aire du terrain ABCDEFG égale	226,9845

2e *Méthode.* Soit proposé d'évaluer l'aire du polygone ABCDE; on trace de tous ses sommets, avec l'équerre d'arpenteur, des perpendiculaires sur une base MN convenablement choisie sur le terrain, c'est-à-dire assez éloignée des sommets pour que les perpendiculaires soient bien déterminées; on mesure ensuite les

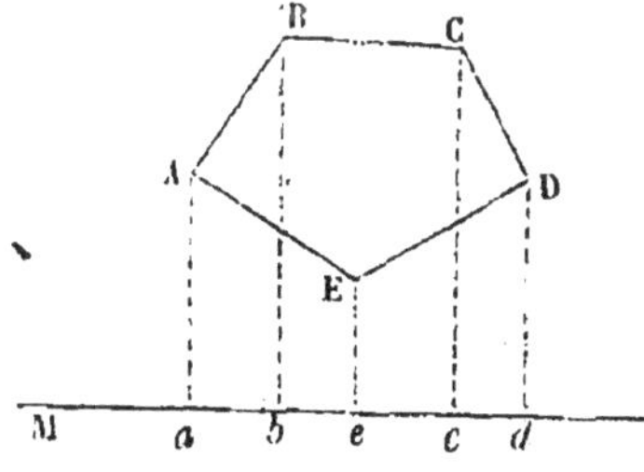

longueurs de toutes ces perpendiculaires et les projections de tous les côtés sur la base MN.

Ces lignes suffisent à la détermination de l'aire du polygone ABCDE, car il est égal à l'excès de la somme des trapèzes A*ab*B, B*bc*C, C*cd*D sur la somme des trapèzes D*de*E, E*ea*A.

On peut disposer le calcul de la manière suivante :

TRAPÈZES	BASES.	HAUTEURS.	AIRES.	SOMMES PARTIELLES.
	m	m	m.c.	
A*ab*B.	A*a* = 54,28 B*b* = 70,42	*ab*=8,50	542,4450	
B*bc*C.	B*b* = 70,42 C*c* = 75,54	*bc*=18,54	1351,1952	m.c. 2908,9746
C*cd*D.	C*c* = 75,34 D*d* = 56,18	*cd*=15,44	1015,3344	
D*de*E.	D*d* = 56,18 E*e* = 38,20	*de*=22,14	1044,7866	
E*ea*A.	E*e* = 38,20 A*a* = 54,28	*ea*=20,54	949,7696	1994,5562
			L'aire du polygone ABCDE égale	914,4184

Remarque. La somme des projections *ab*, *bc*, *cd* des côtés AB, BC, CD du polygone ABCDE sur la base MN doit être égale à celle des projections *de*, *ea* des deux côtés DE et EA.

PROBLÈME II

Mesurer un terrain ABCDE *dont le contour est rectiligne et dont l'intérieur est inaccessible.*

On trace un rectangle MNPQ dans lequel le terrain ABCDE

qu'on veut mesurer soit compris, puis on décompose en trapèzes la portion de ce rectangle qui entoure le terrain, au moyen de perpendiculaires abaissées des sommets du polygone ABCDE sur les côtés du rectangle, comme l'indique la figure ci-jointe. On mesure ensuite les lignes nécessaires au calcul des aires du rectangle et des trapèzes; ce calcul effectué, on obtient l'aire du polygone ABCDE en déterminant l'excès de l'aire du rectangle sur la somme des aires de tous les trapèzes.

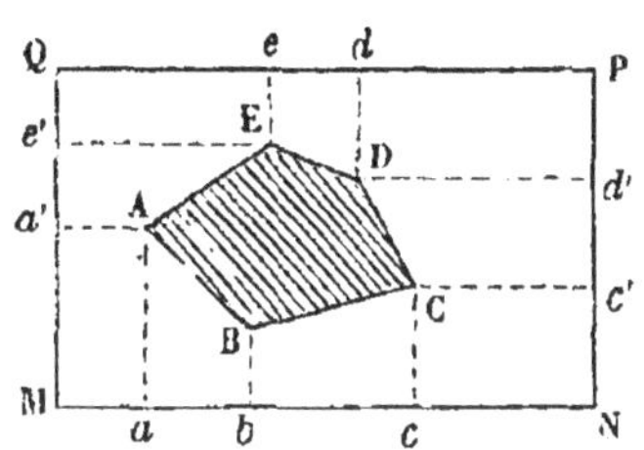

PROBLÈME III

Mesurer la portion du plan comprise entre la ligne courbe ACDF, *une base rectiligne* XY *et deux autres droites* Aa, Ff *perpendiculaires à la base.*

1° Je suppose que, dans toute sa longueur, l'arc de courbe ACDF soit concave ou convexe vers la base XY. Je divise la projection af de cet arc sur la base en un nombre pair de parties égales, par exemple en 8, et je désigne par h leur commune longueur. Aux points de division j'élève des perpendiculaires sur XY, et je représente par y_1, y_2, y_3, ..., x_9, les portions aA, bB, cC, ... fF de ces perpendiculaires terminées à la courbe. J'inscris ensuite dans ACDF une ligne polygonale ABCDEF ayant pour sommets les extrémités des perpendiculaires y_2, y_4, y_6, y_8, de rang pair, ainsi que celles de la première perpendiculaire y_1, et de la dernière y_9.

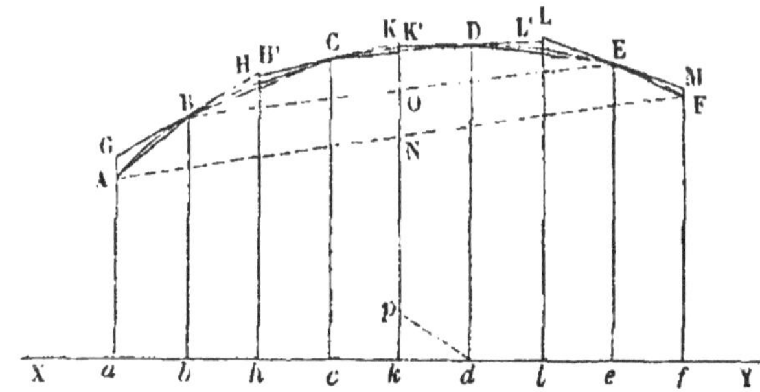

La somme des trapèzes AB*ba*, BC*cb*, CD*dc*, DE*ed* et EF*fe*, inscrits dans le segment mixtiligne ACDF*fa*, a pour mesure :

$$\left(\frac{y_1+y_2}{2}\right)h+\left(\frac{y_2+y_4}{2}\right)2h+\left(\frac{y_4+y_6}{2}\right)2h+\left(\frac{y_6+y_8}{2}\right)2h+\left(\frac{y_8+y_9}{2}\right)h,$$

ou
$$\left(\frac{y_1+y_9}{2}+\frac{3y_2+3y_8}{2}+2y_4+2y_6\right)h.$$

En ajoutant et retranchant simultanément la quantité $\frac{y_2+y_8}{2}$ dans la parenthèse, je trouve :

$$\left(2y_2+2y_4+2y_6+2y_8+\frac{y_1+y_9}{2}-\frac{y_2+y_8}{2}\right)h.$$

Pour abréger, je désigne par S la somme $y_2+y_4+y_6+y$ des perpendiculaires de rang pair, et j'ai pour la mesure de tous les trapèzes inscrits :

$$\left(2S+\frac{y_1+y_9}{2}-\frac{y_2+y_8}{1}\right)h.$$

Cela posé, je mène une tangente à la courbe par l'extrémité de chaque perpendiculaire de rang pair, et je la termine aux deux perpendiculaires de rang impair entre lesquelles son point de contact est compris. Chacune des tangentes fait un trapèze avec les deux perpendiculaires qui la limitent et la base XY. L'ensemble des trapèzes, ainsi construits, forme un polygone concave qui est plus grand que le segment mixtiligne ACDF*fa*; on mesure facilement sa surface en remarquant que la hauteur de chacun des trapèzes qui le composent est égale à $2h$, et que la droite qui joint les milieux des côtés non parallèles est l'une des perpendiculaires de rang pair. On a par suite :

$$2hy_2+2hy_4+2hy_6+2hy_8$$

ou $2h$S pour l'aire de ce polygone.

Le segment mixtiligne étant moindre que le polygone circonscrit et plus grand que le polygone inscrit, on prend pour sa mesure la demi-somme de celles des deux polygones précédents, c'est-à-dire

$$\left(2S+\frac{y_1+y_9}{4}-\frac{y_2+y_8}{4}\right)h,$$

et l'erreur que l'on commet est moindre que la moitié de la différence des mêmes mesures, ou

$$\left(\frac{y_2+y_8}{4}-\frac{y_1+y_9}{4}\right)h.$$

De là résulte cette règle pratique donnée par M. Poncelet : *Divisez la projection* af *de l'arc sur la base en un nombre pair des parties égales ; élevez aux extrémités de cette droite et aux points de division de rang pair des perpendiculaires terminées à la courbe, ajoutez ensuite au double de la somme des perpendiculaires de rang pair le quart de la somme des perpendiculaires extrêmes, et retranchez du résultat le quart de la seconde perpendiculaire et de l'avant-dernière. En multipliant cette différence par l'une des parties égales de la projection* af, *vous obtiendrez l'aire du segment mixtiligne.*

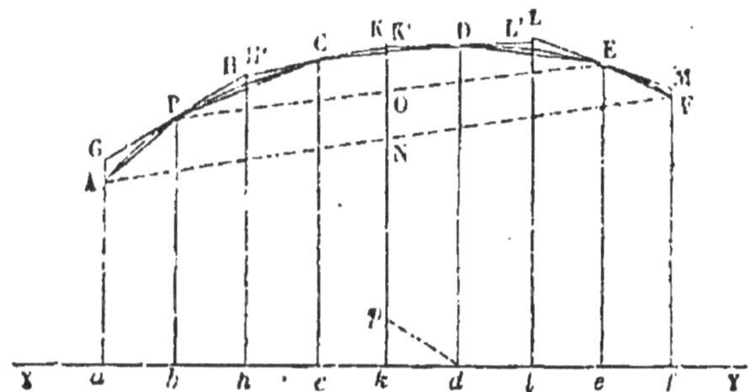

Remarque. La limite de l'erreur peut être représentée géométriquement. En effet, en traçant les cordes AF et BE des deux arcs ACDF, BCDE, et désignant par les lettres N, O, les intersections de ces cordes avec la perpendiculaire moyenne kK, on a évidemment dans les trapèzes AafF, BbeE,

$$y_1+y_9=2\mathrm{N}k;\ \text{et}\ y_2+y_8=2\mathrm{O}k;$$

par conséquent,

$$\left(\frac{y_2+y_8}{4}-\frac{y_1+y_9}{4}\right)h=\frac{\mathrm{ON}\times kd}{2}.$$

Si l'on prend sur la ligne kK, à partir du point k, la distance kp égale à ON, et qu'on tire la droite pd, l'erreur commise en mesurant le segment mixtiligne ACDFfa par la méthode précédente est donc moindre que l'aire du triangle rectangle *pdk*. Il est dès lors facile de juger du degré d'approximation que donne la formule

$$\left(2S + \frac{y_1 + y_9}{} - \frac{y_2 + y_8}{4}\right) h$$

dans chaque cas particulier, et de diminuer l'erreur, lorsqu'on le veut, en augmentant le nombre des divisions de la projection de la courbe sur la base.

2° Si l'arc ACF est en partie concave et en partie convexe vers la base XY, on abaisse du point d'inflexion D la perpendiculaire D*d* sur la base; on mesure ensuite, d'après la règle précédente, les aires des deux segments mixtilignes ACD*da*, DEF*fd*, et l'on en fait la somme.

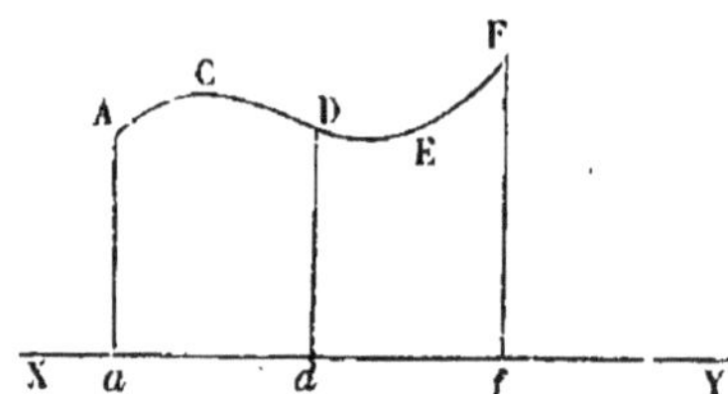

PROBLÈME IV

Mesurer un terrain ABCDEF *limité dans une de ses parties par une ligne courbe* ABC.

On trace sur le terrain une base quelconque MN, puis on abaisse, de tous les sommets A, C, D, E, F, du contour polygonal du terrain, des perpendiculaires sur la droite MN, avec l'équerre d'arpenteur. On calcule par le procédé précédent l'aire du segment mixtiligne ABC*ca*, celles des trapèzes DE*ed*, EF*fe* et des triangles rectangles D*dg*, F*fh*, on additionne ensuite tous les résultats, et l'on retranche de la somme les aires des triangles rectangles A*ah*, C*cg*. Le reste de cette soustraction est la mesure du terrain ABCDEF.

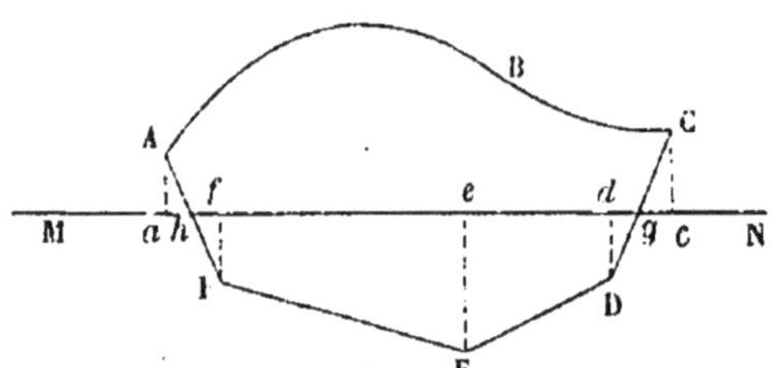

Si l'intérieur du terrain est inaccessible et découvert, on

opère encore de la même manière ; mais on prend la base MN hors du terrain.

Enfin, lorsque le terrain est couvert de constructions ou d'objets quelconques qui arrêtent la vue, on l'entoure d'un rectangle et l'on opère comme dans le problème II.

PROBLÈME V

Mesurer un terrain inaccessible.

On commence par lever le plan de ce terrain, et l'on mesure ensuite sa surface sur ce plan même.

ÉLÉMENTS

DE

GÉOMÉTRIE DESCRIPTIVE

LIGNE DROITE ET PLAN

PREMIÈRE LEÇON

PROGRAMME : Insuffisance du dessin ordinaire pour la représentation des corps. — Utilité d'une méthode géométrique qui, par des opérations graphiques exécutées sur un seul et même plan, fasse connaître exactement la forme et la position d'une figure à trois dimensions.

DÉFINITIONS

1. Si l'on conçoit des lignes droites, menées de l'œil d'un observateur à tous les points visibles de la surface d'un objet quelconque jusqu'à la rencontre d'un plan servant de *tableau*, les intersections de ces droites et du plan déterminent une figure qu'on appelle la *perspective de l'objet*. Il est évident que cette perspective change avec la position de l'observateur.

2. Le *dessin ordinaire* n'est que la représentation des corps, d'après les lois de la perspective; il altère leurs dimensions dans des proportions très-différentes, mais il a l'avantage de nous montrer les corps tels qu'ils nous apparaissent dans la nature.

Le dessin d'un objet quelconque, édifice, machine, etc., n'a d'utilité dans les arts qu'autant qu'il fait connaître non-seulement sa forme, mais encore ses vraies dimensions ; car c'est à cette seule condition qu'on peut construire, d'après ce dessin, les différentes parties de l'objet, les assembler dans un ordre convenable et, par suite, reproduire l'objet lui-même. « Pour conduire à de pareils résultats, le dessin ordinaire est insuffisant, parce qu'il ne montre que l'une des faces de l'objet, déformée encore par l'effet de la perspective. De là, dans les arts, où une représentation complète des corps est nécessaire, l'emploi d'une méthode à la fois simple, claire et vigoureuse : la *méthode des projections* *, » à laquelle *Monge* ** a donné le nom de *géométrie descriptive*.

3. La géométrie descriptive a donc pour objet de représenter sur un plan, surface à deux dimensions, les corps qui en ont trois ; ou, en d'autres termes, de réunir dans une figure plane tous les éléments nécessaires pour faire connaître la forme, et la position dans l'espace, d'une figure à trois dimensions.

4. On appelle *projection d'un point sur un plan*, le pied de la perpendiculaire, menée du point sur le plan.

La *projection d'une ligne quelconque sur un plan* est le lieu géométrique des projections de tous les points de cette ligne sur le plan.

Projections du point.

1. En géométrie descriptive on rapporte les positions des corps dans l'espace à deux plans rectangulaires qu'on appelle *plans de projection*. Ordinairement l'un de ces plans est *horizontal* et l'autre *vertical*, bien qu'ils puissent avoir une position quelconque dans l'espace.

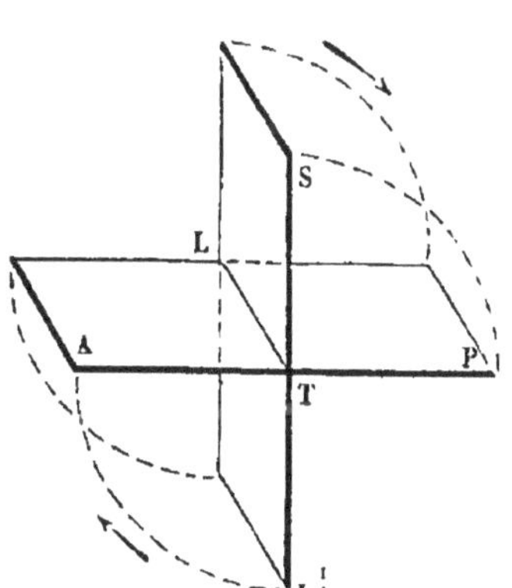

Soient ALP le plan horizontal, SLI le plan vertical et LT leur intersection qu'on nomme *ligne de terre*. Je suppose la personne qui fait ou lit un dessin de géométrie descriptive, placée sur le

* Instruction ministérielle relative à l'enseignement scientifique des Lycées.

** Célèbre géomètre français, né à Beaune en 1746 et mort en 1818.

plan horizontal de manière qu'elle ait la lettre L à sa gauche et la lettre T à sa droite, en regardant le plan vertical. Cette personne se trouve dès lors dans l'angle dièdre STLA, l'un des quatre angles dièdres formés par les plans de projection. Il résulte de cette convention : 1° que le plan horizontal divise le plan vertical en deux parties dont l'une, SL, est *supérieure*, et l'autre, LI, *inférieure* au plan horizontal ; 2° que le plan vertical divise le plan horizontal en deux parties AL, PL, telles que la première est *antérieure* et la seconde *postérieure* au plan vertical.

Chacun des quatre angles dièdres que forment les deux plans de projection se désigne par les noms de ses faces. Ainsi, l'angle dièdre ALTS est appelé *antérieur-supérieur;* l'angle dièdre ALTI, *antérieur-inférieur;* l'angle dièdre PLTI, *postérieur-inférieur*, et l'angle dièdre PLTS, *postérieur-supérieur*.

2. Pour faire sur le même plan toutes les constructions relatives à la solution de chaque question, on *rabat* le plan vertical de projection sur le plan horizontal, supposé fixe, en le faisant tourner autour de la ligne de terre dans un sens tel que sa partie supérieure SL vienne coïncider avec la partie postérieure PL du plan horizontal, et sa partie inférieure IL avec la partie antérieure AL du même plan horizontal. Alors les dessins tracés sur chacun des plans de projection sont ramenés dans le même plan et ne forment qu'une seule figure, qui est l'*épure* de la question proposée.

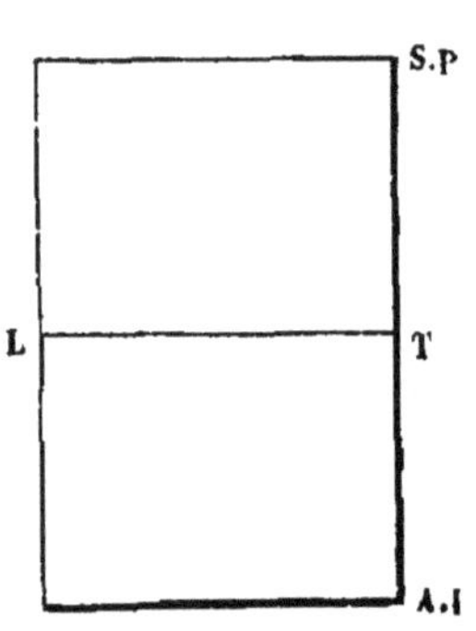

On évite la confusion que pourrait produire la coïncidence des deux plans de projection, en convenant de désigner par des lettres accentuées les points du plan vertical et par des lettres sans accents les points du plan horizontal.

3. Lorsqu'une portion quelconque d'une ligne, droite ou courbe, est située dans l'angle dièdre *antérieur-supérieur*, elle est *visible* à la personne qui lit l'épure, tandis que l'autre portion de cette ligne lui est cachée par les plans de projection. Pour les distinguer dans l'épure, on représente par des lignes

pleines et *continues* les projections des parties visibles des données et des inconnues de tout problème, et par des lignes *formées de points ronds* les projections de leurs parties cachées. On se sert de *lignes continuès*, c'est-à-dire *composées de longs traits*, pour figurer les projections des lignes auxiliaires quelconques.

4. On appelle projection *horizontale* et projection *verticale* d'un point, ses projections sur le plan horizontal et sur le plan vertical.

On désigne chaque point de l'espace par une lettre majuscule telle que A, et ses projections par les petites lettres correspondantes a, a'.

THÉORÈME I

Dans toute épure, la droite qui joint les projections d'un point B *est perpendiculaire à la ligne de terre.*

Soient b la projection horizontale du point B, et b' sa projection verticale. La droite Bb est perpendiculaire au plan horizontal et la droite Bb' perpendiculaire au plan vertical, donc le plan bBb' est perpendiculaire à chacun des plans de projection (E, 6, I)* et, par suite, à leur intersection LT qu'il rencontre au point c (E, 6, IV). Cela posé, je rabats le plan vertical de projection sur le plan horizontal, en le faisant tourner autour de la ligne de terre, dans un sens tel que la partie supérieure SL du plan vertical vienne coïncider avec la partie postérieure SP du plan horizontal. La droite cb', perpendiculaire à la ligne de terre, engendre le plan bBb' dans son mouvement de rotation (E, 1, III; c) et vient se placer sur le prolongement de la droite bc, qui est aussi perpendiculaire à la ligne LT. Soit b'' la position du point b' après le

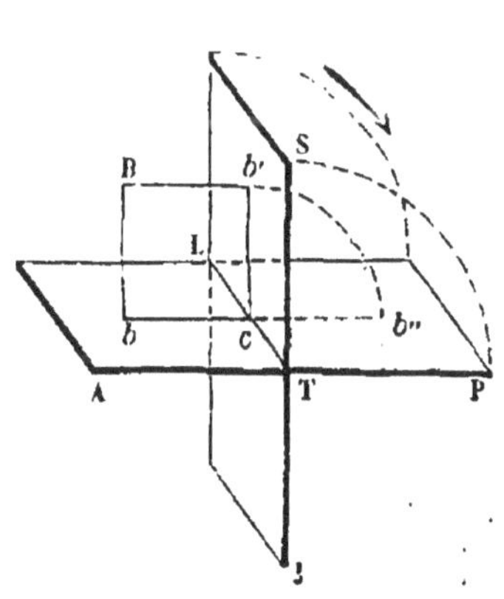

* La notation (E, 6, I) indique le théorème I de la 6me leçon des *Figures dans l'espace* de mes *Éléments de Géométrie*.

rabattement, les points *b*, *b''*, sont alors les projections du point B dans l'épure, et la droite *bb''* qui les joint est perpendiculaire à la ligne de terre.

Remarque. Si le point B est dans l'un des plans de projection, par exemple dans le plan horizontal, il coïncide avec sa projection horizontale *b*; quant à la projection verticale *b'*, elle se trouve au point *c* sur la ligne de terre.

THÉORÈME II

Dans toute épure, deux points quelconques b *et* b'', *dont l'un est situé sur le plan vertical et l'autre sur le plan horizontal, sont les projections d'un point de l'espace, si la droite qui les joint est perpendiculaire à la ligne de terre.*

Soit *c* l'intersection des droites *bb''* et LT qui sont, par hypothèse, perpendiculaires l'une à l'autre. Je *relève* le plan vertical de projection, c'est-à-dire que je le ramène à être perpendiculaire au plan horizontal, en le faisant tourner autour de la ligne de terre dans un sens contraire à celui du rabattement, et je suppose qu'après cette rotation la droite

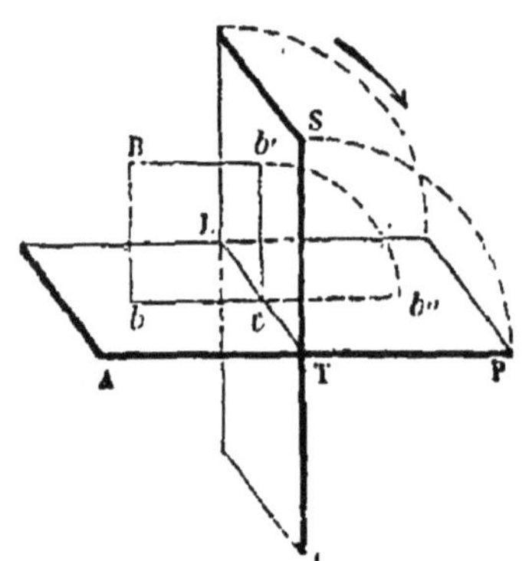

cb'' prenne la position *cb'*. Les droites *cb*, *cb'* déterminent un plan perpendiculaire à la ligne de terre (E, 1, III). Si je trace par le point *b* une droite perpendiculaire au plan horizontal, et par le point *b'* une droite perpendiculaire au plan vertical, ces deux lignes sont situées dans le même plan *bcb'* (E, 6, III), et se rencontrent, puisqu'elles sont respectivement parallèles aux deux droites concourantes *cb*, *cb'*; donc leur intersection B a pour projections les points *b* et *b''*.

Remarque. Dans toute épure, deux points, dont l'un est situé sur le plan vertical et l'autre sur le plan horizontal, ne sont pas les projections d'un point de l'espace, lorsque la droite qui les joint est oblique à la ligne de terre.

THÉORÈME III

La distance d'un point B *de l'espace à l'un des plans de projection est égale à la distance de sa projection sur l'autre plan à la ligne de terre.*

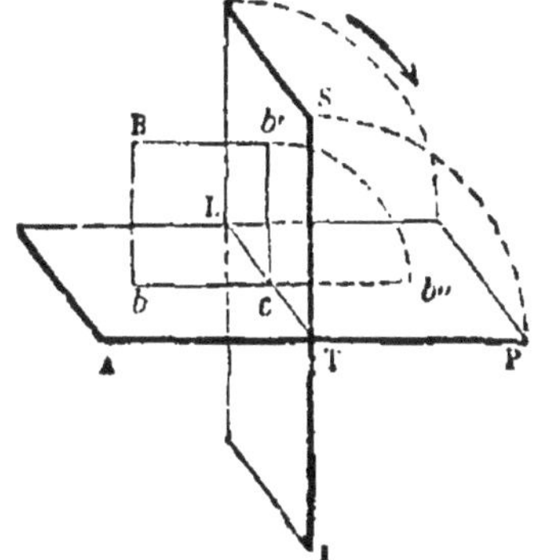

Soient b et b' les projections du point B; le plan bBb' est perpendiculaire à chacun des plans de projection et, par suite, à la ligne de terre (E, 6, IV); donc le quadrilatère $Bbcb'$ est un rectangle. Il en résulte : 1° que la distance Bb du point B au plan horizontal égale la distance $b'c$ de sa projection verticale b' à la ligne de terre; 2° que la distance Bb' du même point au plan vertical égale la distance bc de sa projection horizontale b à la ligne de terre.

Corollaire. Lorsque le point B se trouve dans l'un des plans bissecteurs des quatre angles dièdres formés par les plans de projection, ses projections b, b' sont également éloignées de la ligne de terre.

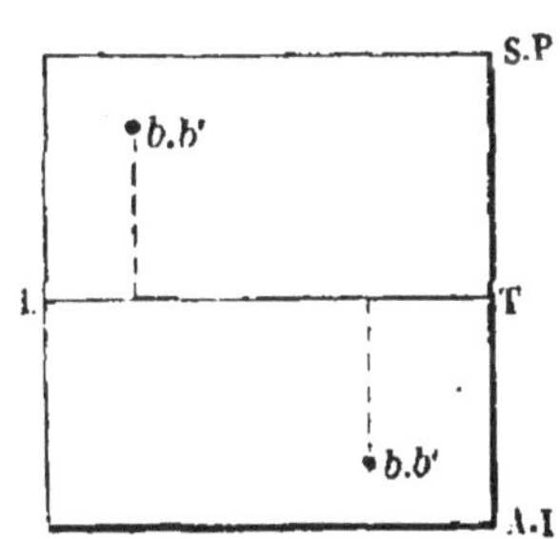

Si ce point est situé dans le plan bissecteur des deux angles dièdres postérieur-supérieur et antérieur-inférieur qui sont opposés à l'arête, ses deux projections b, b' se trouvent du même côté de la ligne de terre et coïncident

Exercices

Un point peut avoir neuf positions différentes par rapport aux plans de projection. Il est situé dans l'un des quatre angles dièdres formés par les plans de projection, ou dans l'une des quatre parties de ces plans déterminées par la ligne de terre, ou bien sur la ligne de terre même. Faire le tableau des positions correspondantes des projections de ce point.

DEUXIÈME, TROISIÈME ET QUATRIÈME LEÇON

PROGRAMME. — Projections d'une droite. — Une droite est déterminée par ses projections. — Traces d'une droite. — Angles formés par une droite avec les plans de projections. — Vraie longueur de la droite qui joint deux points.

DÉFINITION

On appelle projection *horizontale* et projection *verticale* d'une ligne droite les projections de cette ligne sur le plan horizontal et sur le plan vertical.

Les *traces* d'une ligne droite sont les points où cette ligne perce les plans de projection ; l'une est *horizontale* et l'autre *verticale*.

Toute ligne droite, parallèle au plan horizontal de projection, est *horizontale*.

Toute ligne droite, perpendiculaire au plan horizontal de projection, est *verticale*.

THÉORÈME I

Si une ligne droite est perpendiculaire ou oblique à un plan, sa projection sur ce plan est un point ou une ligne droite.

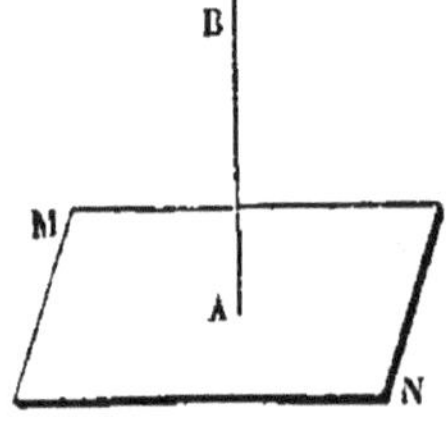

1° Je suppose la droite AB perpendiculaire au plan MN qu'elle rencontre au point A ; tous les points de AB ont évidemment la même projection A sur le plan MN ; donc le point A est la projection de la droite AB sur ce plan.

2° Soit la droite AB oblique au plan MN. Les perpendiculaires abaissées des points de cette ligne sur le plan sont parallèles (E, 3, II) et distinctes ; elles déterminent donc un plan

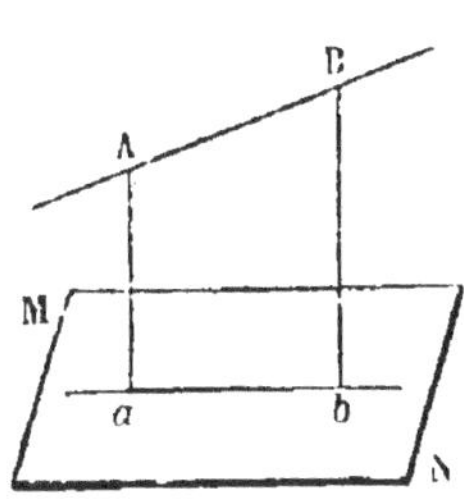

ABba perpendiculaire à MN. (E, 6, 6). Le lieu des pieds de ces droites, c'est-à-dire la projection de AB sur MN, est donc la ligne droite *ab* suivant laquelle les deux plans MN et AB*ba* se coupent.

On dit que le plan AB*ba* *projette horizontalement* ou *verticalement* la droite AB selon que le plan de projection MN est horizontal ou vertical.

Corollaire I. La projection d'une ligne droite sur un plan est déterminée par les projections de deux points quelconques de cette droite sur le plan.

Corollaire II. La droite est en général la seule ligne dont les projections *ab*, *a'b'*, sur deux plans non parallèles HLT, VLT, soient rectilignes.

En effet, la ligne qui a pour projections les droites *ab*, *a'b'*, est l'intersection AB de deux plans, dont l'un est élevé

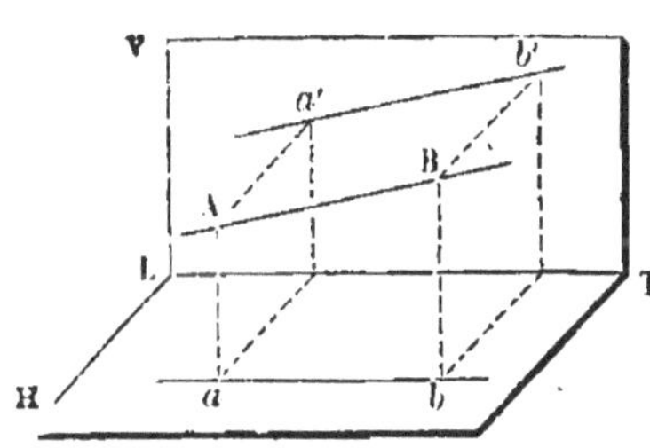

perpendiculairement sur le plan HLT par la droite *ab*, et l'autre sur le plan VLT par la droite *a'b'*; par conséquent cette ligne est droite, en supposant toutefois que les plans projetants A*ab*, A*a'b'* ne coïncident pas.

Remarque. Une ligne droite ne peut avoir que trois positions différentes par rapport aux plans de projection. Elle rencontre ces deux plans, ou elle est parallèle à l'un et rencontre l'autre, ou bien elle est parallèle à chacun de ces plans. Voyons comment les projections de la droite sont disposées dans ces trois cas par rapport à la ligne de terre.

THÉORÈME II

Si une ligne droite rencontre les deux plans de projection, ses projections sont obliques à la ligne de terre, ou perpendiculaires à cette ligne qu'elles rencontrent au même point.

Soit AB′ une ligne droite qui perce les plans de projection aux points A et B′. La projection verticale *a′* du point A se trouve sur la ligne de terre, puisque A est dans le plan horizontal. De même, la projection horizontale *b* du point B′ situé dans le plan vertical se trouve aussi sur la ligne de terre. Cela posé, je fais remarquer que les points *a′* et *b* peuvent être distincts ou coïncider. 1° S'ils sont distincts, la projection horizontale A*b* de la droite AB′ est oblique à la ligne de terre; car A*a′* est déjà perpendiculaire à cette ligne. Pour une raison semblable, la projection verticale *a′*B′ de AB′ est aussi oblique à LT.

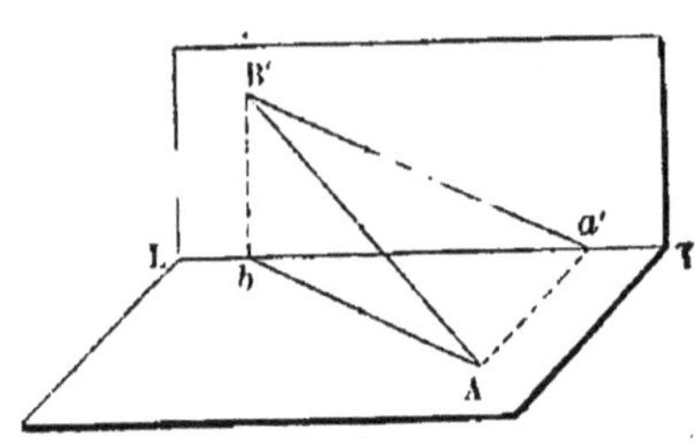

2° Lorsque les points *a′* et *b* coïncident, la projection horizontale A*b* de la droite AB′ se confond avec la droite A*a′* perpendiculaire à la ligne de terre, et sa projection verticale B′*a′* avec la droite B′*b* qui est aussi perpendiculaire à LT. Donc, les deux projections de AB′ sont, dans ce cas, perpendiculaires à la ligne de terre et la rencontrent au même point *b*.

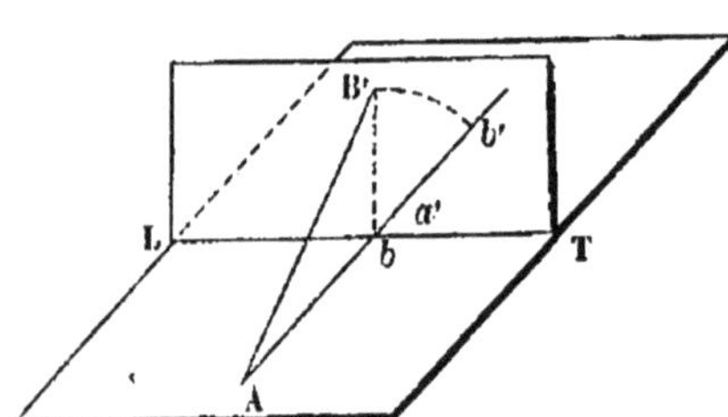

Si l'on rabat le plan vertical de projection sur le plan horizontal, la droite *b*B′ vient se placer sur le prolongement *bb′* de A*b*, de sorte que les deux projections de la droite AB′ sont représentées dans l'épure par une seule droite A*b′* perpendiculaire à la ligne de terre.

Remarque. Lorsque les projections de AB′ sont perpendiculaires à LT, ces lignes ne déterminent plus la droite AB′, car toute ligne, droite ou courbe, située dans le plan A*b*B′ perpendiculaire à la ligne de terre, a les mêmes projections que AB′. Il faut alors donner les projections de deux points quelconques de cette droite pour la déterminer.

THÉORÈME III

1. *Si une ligne droite est parallèle à l'un des plans de projection, sans être perpendiculaire à l'autre, sa projection sur le premier plan est oblique à la ligne de terre, et sa projection sur le second parallèle à cette ligne.*

2. *Si une ligne droite est perpendiculaire à l'un des plans de projection, sa projection sur l'autre plan est une droite perpendiculaire à la ligne de terre, et sa projection sur le premier plan est un point situé sur l'autre projection.*

1° Soit la droite AB parallèle au plan horizontal de projection et oblique au plan vertical; je dis que sa projection verticale est parallèle à la ligne de terre, et sa projection horizontale oblique à la même ligne. En effet, la droite Aa' qui projette verticalement le point A et la droite AB étant parallèles au plan horizontal de projection, le plan a'AB est aussi parallèle au plan horizontal (E, 3, VI, c.), et les intersections $a'b'$, LT de ces deux plans par le plan vertical de projection sont parallèles (E, 3, VII). Donc la projection verticale $a'b'$ de AB est parallèle à la ligne de terre.

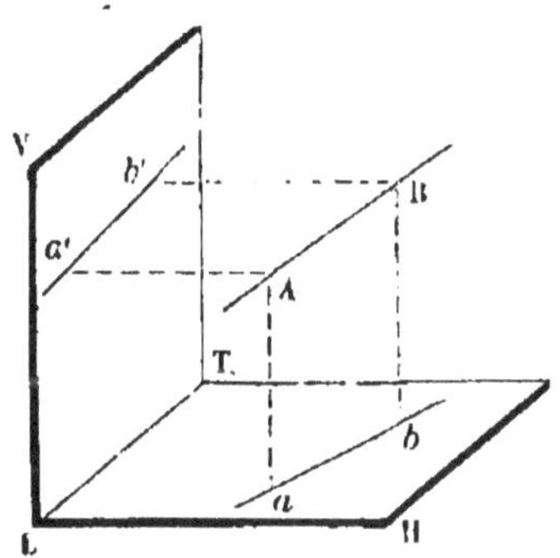

La droite AB et sa projection horizontale ab sont parallèles, ainsi que les lignes $a'b'$ et LT; donc, l'angle formé par les droites ab, LT est égal à celui des deux droites AB, $a'b'$, c'est-à-dire égal à l'inclinaison de AB sur le plan vertical (E, 6, V). La projection horizontale de AB est dès lors oblique à la ligne de terre.

2° Je suppose la droite AB perpendiculaire au plan horizontal; elle a pour projection horizontale le point A où elle rencontre ce plan (I).

Soit a' la projection verticale du point A; le plan BAa', qui projette verticalement la droite AB, est perpendiculaire à chacun des plans de projection (E, 6, I) et, par suite, à leur intersection LT (E, 6, IV). Donc, la projection verticale $a'b'$ de la droite AB est perpendiculaire à la ligne de terre.

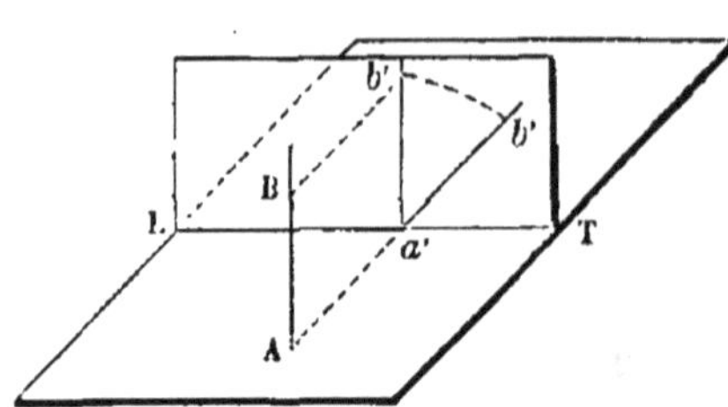

Lorsque le plan vertical de projection est rabattu sur le plan horizontal, le prolongement de la droite $a'b'$ passe évidemment par le point A.

THÉORÈME IV

Si une ligne droite est parallèle aux deux plans de projection, ses projections sont parallèles à la ligne de terre.

Ce théorème est une conséquence évidente de celui qui le précède.

Remarque relative aux trois théorèmes précédents. — 1° Deux perpendiculaires à la ligne de terre, tracées par des points différents de cette ligne dans les plans de projection, ne sont pas les projections d'une droite de l'espace; 2° il en est de même de deux droites dont une seule est perpendiculaire à la ligne de terre; 3° une ligne droite, oblique à la ligne de terre, et un point ne peuvent être les projections d'une droite de l'espace; 4° il en est de même d'une droite perpendiculaire à la ligne de terre et d'un point, lorsque ce point ne se trouve pas sur la droite.

THÉORÈME V

Si deux droites AB, CD *sont parallèles, leurs projections sur un même plan* MN *sont aussi parallèles.*

Soient ab et cd les projections des droites AB et CD sur le plan MN; les lignes Aa, Cc sont perpendiculaires à ce plan et, par suite, parallèles l'une à l'autre. Les angles BAa,

DCc ont dès lors leurs côtés parallèles chacun à chacun, et leurs plans sont parallèles. Il en résulte que les intersections *ab*, *cd* de ces plans par le plan MN sont aussi parallèles (E, 3, XI).

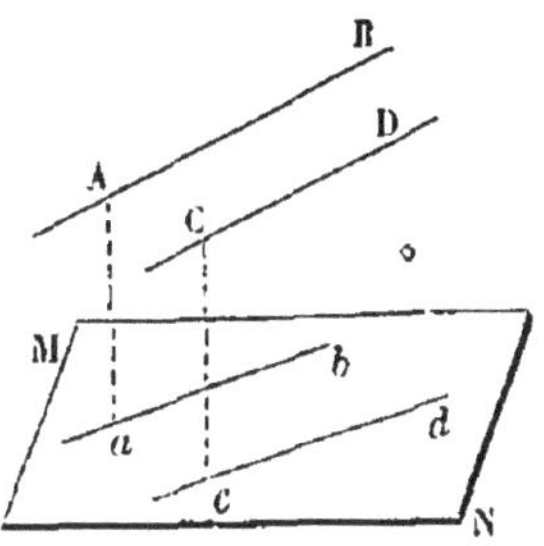

Corollaire. — *Si deux droites sont parallèles, leurs projections de même nom sont aussi parallèles.*

La réciproque de ce théorème n'est vraie qu'autant que les deux droites sont déterminées par leurs projections.

PROBLÈME I

Trouver les traces d'une ligne droite dont les projections ab, a'b' *sont données.*

1° Je suppose que chacune des projections *ab*, *a'b'* soit oblique à la ligne de terre; la droite AB qu'elles déterminent rencontre les deux plans de projection. Pour obtenir sa trace horizontale, je prolonge la projection verticale *a'b'* jusqu'à ce qu'elle coupe la ligne de terre, et j'élève, par leur intersection *h'*, sur LT, une perpendiculaire qui rencontre la projection horizontale *ab* au point cherché *h*. En effet, *h* est un point de la droite AB, puisque ses projections *h* et *h'* se trouvent sur celles de AB; de plus, ce point est situé dans le plan horizontal, car sa projection verticale *h'* fait partie de la ligne de terre. Le point *h* est donc l'intersection de la droite AB et du plan horizontal.

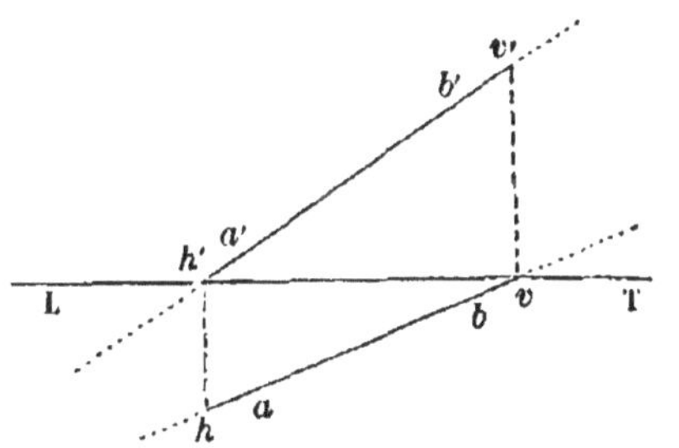

On démontrerait de même que, pour avoir la trace verticale *v'* de la droite AB, il faut prolonger sa projection horizontale *ab* jusqu'à ce qu'elle coupe la ligne de terre, et, par leur intersection *v*, élever sur LT une perpendiculaire qui rencontrera la projection verticale *a'b'* au point demandé *v'*.

2° Si les droites données *ab*, *a'b'* sont perpendiculaires à la ligne de terre LT et la rencontrent au même point *o*, elles représentent les projections d'une infinité de lignes droites situées dans le plan perpendiculaire à LT, mené par le point o. Soit proposé de trouver les traces de celle qui passe par les points A et B dont les projections sont a, a' et b, b'.

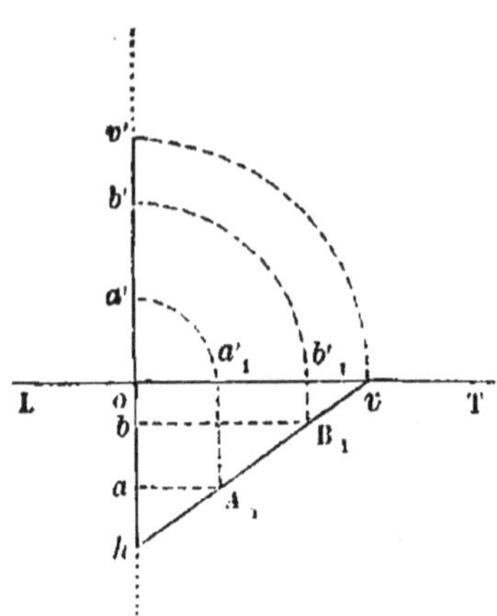

Je suppose le plan vertical de projection *relevé*, c'est-à-dire placé perpendiculairement sur le plan horizontal, et je fais tourner sur la droite ab, comme axe, le plan ABba qui projette horizontalement la droite AB, jusqu'à ce qu'il coïncide avec le plan horizontal de projection. Les droites aA, bB, qui sont comprises dans le plan ABba et perpendiculaires à l'axe ab, ne cessent pas d'être perpendiculaires à cet axe pendant la rotation. Dès lors, pour avoir les positions des points A, B, et, par suite, celle de la droite AB après le rabattement du plan ABba sur le plan horizontal, j'élève, par les points a, b, des perpendiculaires sur la droite ab dans le plan horizontal; je prends sur la première une longueur aA_1 égale à aA, ou à la distance oa' de la projection verticale du point A à la ligne de terre (1, III), et sur la seconde une longueur bB_1 égale à bB, ou bien à ob'; puis je tire la droite A_1B_1 qui rencontre la ligne ab au point h, et la ligne de terre LT au point v.

Cela posé, je relève le plan ABba pour le replacer perpendiculaire au plan horizontal de projection. Pendant ce mouvement, le point v décrit sur le point vertical un arc de cercle ayant le point o pour centre et s'arrête au point v' où cet arc coupe la droite oa'; mais le point h qui est situé sur l'axe de rotation ab reste fixe. Par conséquent, les points v' et h sont les traces de la droite AB sur les deux plans de projection.

Remarque. Nous avons vu que pour obtenir le point A_1 il faut porter sur la droite aA_1, à partir de a, une longueur égale à oa'. Ce point peut aussi être déterminé de la manière suivante : on décrit du point o comme centre, avec le rayon oa'

un arc de cercle qui coupe la ligne de terre au point a'_1; on élève ensuite par a'_1 une perpendiculaire sur LT, et on la prolonge jusqu'à la rencontre de la droite aA_1. Le point A_1 est évidemment l'intersection de ces deux lignes.

Ce mode de détermination, qui est aussi applicable au point B_1, a l'avantage de montrer sur l'épure la liaison des inconnues et des données de la question.

3° Si l'une des projections données ab, $a'b'$, par exemple $a'b'$, est parallèle à la ligne de terre LT, et l'autre oblique à cette ligne, la droite AB est parallèle au plan horizontal (III) et rencontre le plan vertical. On trouve sa trace verticale v' de la même manière que lorsque cette droite traverse les deux plans de projection.

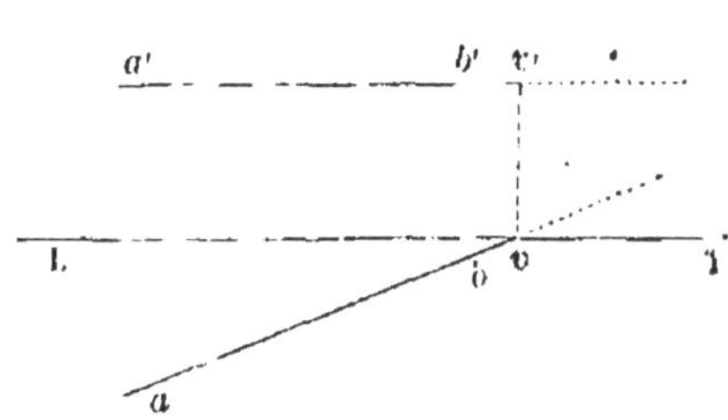

4° Je suppose que la droite AB ait pour projections le point a et la perpendiculaire $a'b'$ à la ligne de terre. Cette droite est perpendiculaire au plan horizontal et, par conséquent, parallèle au plan vertical; elle n'a donc qu'une trace horizontale qui est le point a.

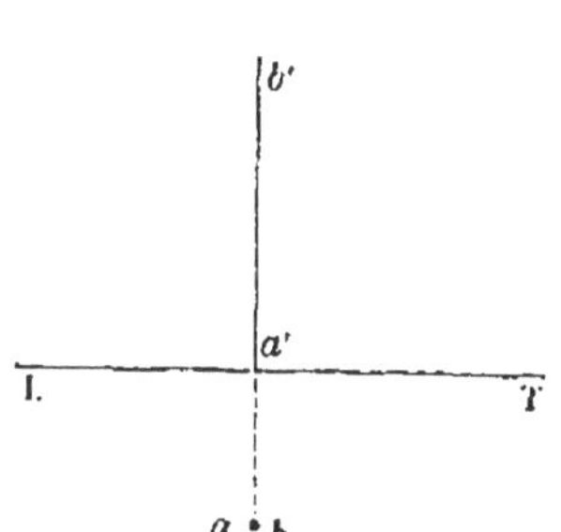

5° Si les deux projections de la droite sont parallèles à la ligne de terre, cette droite ne rencontre aucun des plans de projection.

PROBLÈME II

Construire les angles qu'une ligne droite fait avec les plans de projection.

L'inclinaison d'une ligne droite sur un plan ayant pour mesure l'angle que cette ligne fait avec sa projection sur le plan (E, 6, V), la question proposée revient à chercher les angles qu'une droite fait avec ses projections ab, $a'b'$.

1° Je suppose les lignes ab, $a'b'$, obliques à la ligne de terre

LT ; la droite qu'elles déterminent dans l'espace rencontre les deux plans de projections (III). Je commence par chercher ses traces. Soient a, a' les projections de la trace horizontale a, et b, b' celles de la trace verticale b'. L'angle formé par la droite donnée qui joint le point a au point b', et par sa projection ab, est l'un des angles aigus d'un triangle rectangle, ayant la droite bb' pour troisième côté. Je construis ce triangle en prenant sur la ligne de terre, à partir du point b, une longueur ba_1 égale à ba, et traçant ensuite la droite a_1b'. Dans le triangle rectangle $b'ba_1$ ainsi formé, l'angle ba_1b', opposé au côté bb', est évidemment égal à celui de la droite donnée et de sa projection horizontale ab.

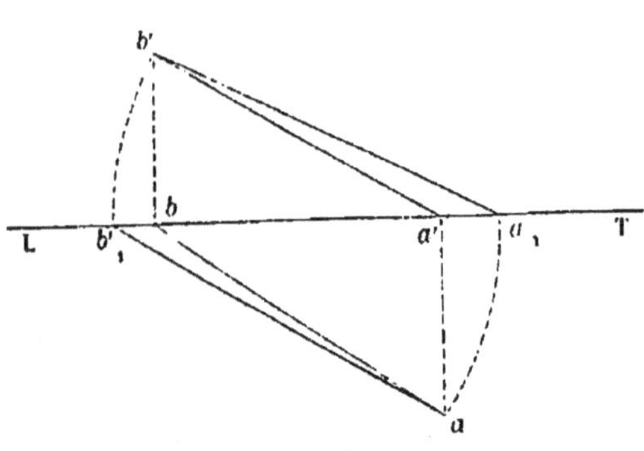

Pareillement, pour avoir l'angle que la même droite fait avec sa projection verticale $a'b'$, je construis sur le plan horizontal un triangle rectangle $aa'b'_1$ dont les côtés de l'angle droit soient égaux aux lignes aa', $a'b'$, et l'angle ab'_1a' opposé au côté aa' est l'angle cherché.

2° Si les projections ab, $a'b'$ sont perpendiculaires à la ligne de terre et la rencontrent au même point o, je considère la droite déterminée par les deux points A et B dont les projections sont a, a' et b, b'. Pour avoir les angles que cette ligne fait avec les plans de projection, je rabats sur le plan horizontal le plan ABba qui la projette horizontalement, en le faisant tourner autour de la droite ab comme axe. Je construis ensuite, d'après la méthode exposée précédemment (problème 1), la position A_1B_1

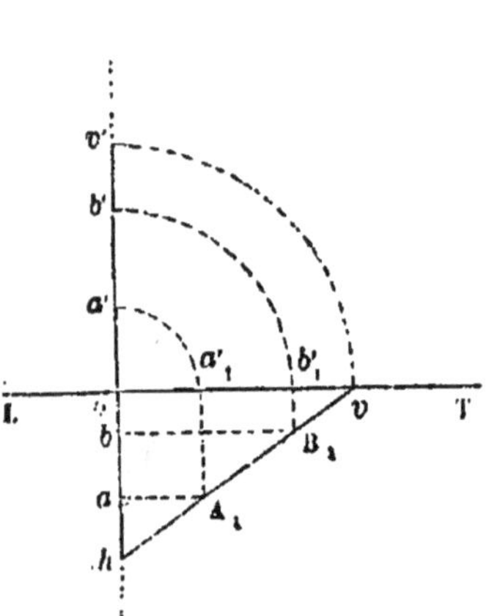

que prend la droite AB dans le plan horizontal. Les angles *ohv*, *ovh* que la ligne A_1B_1 fait avec *ab* et LT, sont évidemment égaux à ceux que la droite donnée AB fait avec ses projections *ab*, *a'b'*.

3° Lorsque l'une des projections données *ab*, *a'b'*, par exemple la projection verticale *a'b'*, est parallèle à la ligne de terre et l'autre *ab* oblique à cette ligne, la droite AB est parallèle au plan horizontal et rencontre le plan vertical. L'angle qu'elle fait avec ce dernier plan, c'est-à-dire avec sa projection verticale *a'b'*, est égal à celui que sa projection horizontale *ab* fait avec la ligne de terre; car ces deux angles ont leurs côtés parallèles et dirigés dans le même sens (E, 4, XI).

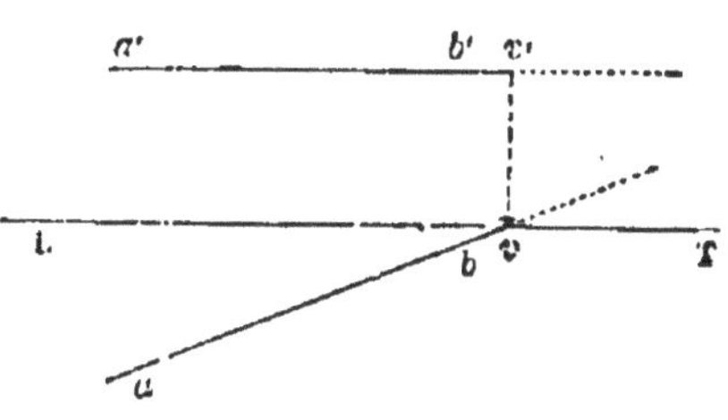

4° Je suppose, enfin, que la droite proposée ait le point *a* pour projection horizontale et la droite *a'b'*, perpendiculaire à la ligne de terre, pour projection verticale; cette droite est perpendiculaire au plan horizontal de projection et, par conséquent, parallèle au plan vertical. Donc elle fait un angle droit avec le plan horizontal.

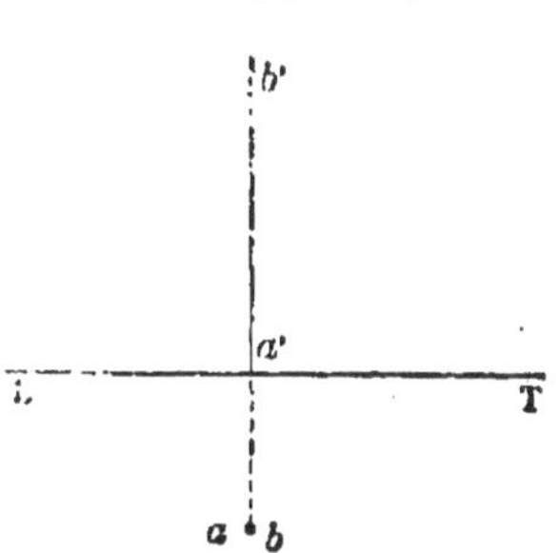

Remarque. Lorsque la droite proposée rencontre les deux plans de projection et que ses traces se trouvent hors des limites de la feuille de papier sur laquelle les projections *ab*, *a'b'* sont données, il faut avoir recours à d'autres procédés que les précédents, pour construire l'angle que cette droite fait avec l'un des plans de projection, par exemple avec le plan horizontal.

Je prends, sur la droite donnée, deux points quelconques A et B dont les projections respectives sont *a*, *a'* et *b*, *b'*. La droite AB, sa projection horizontale *ab* et les droites A*a*, B*b*, perpendiculaires au plan horizontal, forment un trapèze AB*ba*, dont les côtés A*a*, B*b* sont respectivement égaux aux distances *a'α*, *b'β* des projections verticales de A et B à la ligne de terre.

Pour construire ce trapèze, il suffit donc de prendre, à partir de α, sur la ligne de terre une longueur αb_1 égale à ab, d'élever par le point b_1 une perpendiculaire sur LT, et de la prolonger jusqu'au point b'_1 où elle rencontre la parallèle menée à LT par le point b'. Le trapèze $a'b'_1b_1\alpha$ est évidemment égal au trapèze ABba, et l'angle $a'b'_1b'$

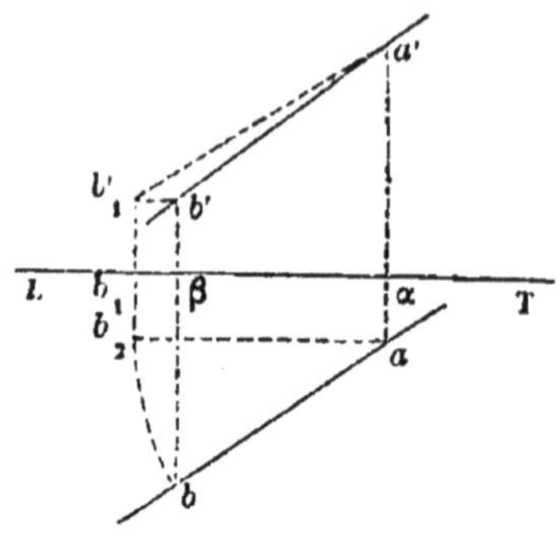

que le côté $a'b'_1$ fait avec la droite b'_1b', parallèle à la ligne de terre, mesure l'inclinaison de AB sur le plan horizontal ; car cet angle et celui que la ligne $a'b'_1$ fait avec la ligne de terre sont égaux comme correspondants par rapport aux parallèles b'_1b' et LT.

On peut obtenir la longueur αb_1 en décrivant un arc de cercle du point a comme centre, avec un rayon égal à ab, jusqu'à la rencontre de la parallèle menée à la ligne de terre par le point a, et traçant par le point d'intersection b_2 la perpendiculaire b_2b_1 sur LT. En effet, la droite αb_1 est égale à ab_2 et par suite à ab.

PROBLÈME III

Déterminer la longueur de la droite qui joint deux points donnés par leurs projections.

Soient a, a', et b, b', les projections des deux points donnés A et B ; la droite demandée AB, sa projection horizontale ab et les deux droites Aa, Bb, qui sont perpendiculaires au plan horizontal et, par suite, parallèles l'une à l'autre, forment un trapèze AabB dans lequel on connaît les trois derniers côtés et les deux angles

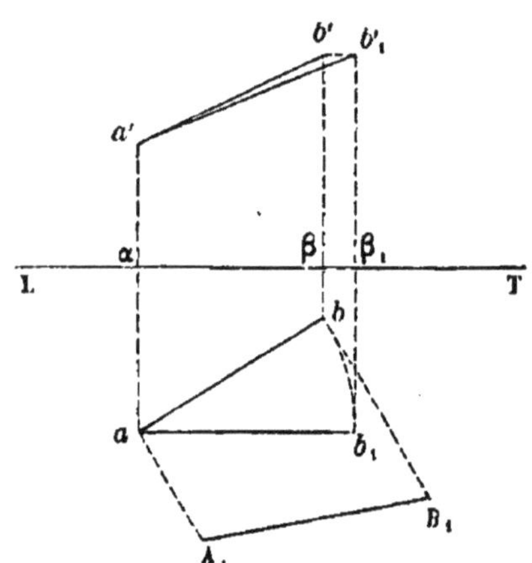

Aab, abB, compris entre ces côtés. On peut donc construire

ce trapèze, et connaître dès lors la longueur du côté AB.

Pour faire cette cons ruction, j'élève sur ab, dans le plan horizontal, les perpendiculaires aA_1, bB_1, que je prends égales respectivement aux lignes Aa, Bb, ou aux distances $a'\alpha$, $b'\beta$, des projections verticales de A et B à la ligne de terre (1, II), et je tire la droite A_1B_1 qui est la longueur cherchée; car le trapèze A_1abB_1 est évidemment égal au trapèze $AabB$.

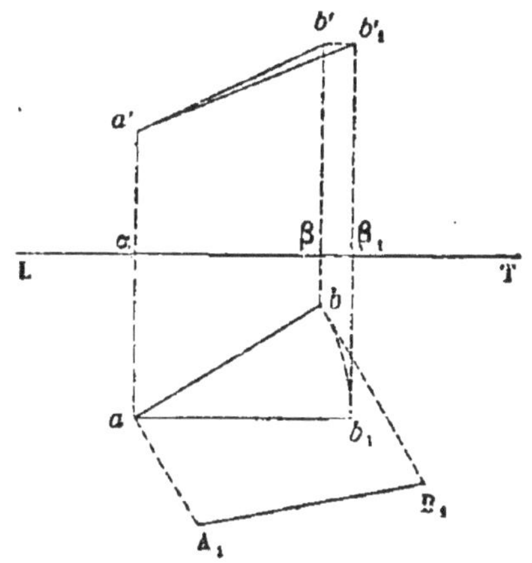

Remarque I. Cette construction occupe beaucoup de place; on peut en diminuer l'étendue et, par suite, simplifier l'épure, en prenant, à partir du point α, sur la ligne de terre LT, une longueur $\alpha\beta_1$ égale à ab, élevant sur LT, par le point β_1, la perpendiculaire $\beta_1 b'_1$ égale à $\beta b'$, et traçant la droite $a'b'_1$. Cette droite est égale à AB, car le quadrilatère $a'\alpha\beta_1 b'_1$ est un trapèze égal au trapèze $AabB$.

Remarque II. Lorsque la droite AB n'est pas parallèle au plan horizontal, le quadrilatère $ABba$ est un trapèze, et la ligne AB est moindre que sa projection ab qui mesure la plus courte distance des deux bases Aa, Bb de ce trapèze.

Au contraire, si la droite AB est parallèle au plan horizontal, le quadrilatère $ABba$ est un rectangle et la ligne AB est égale à sa projection ab. On dit alors que *cette ligne se projette en vraie grandeur*.

Exercices.

1. Faire le tableau des six positions qu'une droite peut avoir à l'égard des plans de projection, lorsqu'elle est parallèle à l'un d'eux, sans être perpendiculaire à l'autre.

2. Faire le tableau des neuf positions d'une droite, parallèle à la ligne de terre, par rapport aux plans de projection.

3. Faire le tableau des six positions qu'une droite peut avoir

par rapport aux plans de projection, lorsqu'elle est perpendiculaire à l'un de ces plans.

4. Les projections d'une droite étant données, trouver les projections des points dans lesquels cette droite rencontre les plans bissecteurs des angles dièdres, formés par les plans de projection.

5. Si une ligne droite qui rencontre la ligne de terre est située dans l'un des plans bissecteurs des angles dièdres formés par les plans de projection, ses projections sont également inclinées sur la ligne de terre. — La réciproque est vraie.

6. Si deux lignes droites se coupent, leurs projections de même nom se rencontrent en des points tels que la droite qui les joint est perpendiculaire à la ligne de terre. — La réciproque est vraie.

7. Mener par un point donné une parallèle à une ligne droite donnée.

8. Mesurer la distance des traces d'une ligne droite dont les projections sont données. — Cas particulier dans lequel la droite est déterminée par deux points dont les projections se trouvent sur une perpendiculaire à la ligne de terre.

9. Construire la projection verticale d'une ligne droite dont la projection horizontale est donnée, en supposant que cette droite passe par un point donné et qu'elle fait avec le plan horizontal un angle aussi donné.

10. Si les projections d'une droite sont également inclinées sur la ligne de terre, cette droite est parallèle à l'un des plans bissecteurs des angles dièdres formés par les plans de projection.

CINQUIÈME, SIXIÈME ET SEPTIÈME LEÇON

PROGRAMME. — Représentation d'un plan par ses traces. — Angle d'un plan avec les plans de projection. — Rabattre sur l'un des plans de projection un point, une droite, une figure quelconque, situés dans un plan donné. — Relever le plan rabattu et déterminer les projections d'un point, d'une droite donnés sur le rabattement. — Exercices.

DÉFINITIONS

1. Pour déterminer la position d'un plan, on donne, en général, les droites dans lesquelles il rencontre les deux plans de projection. Ces droites sont appelées les *traces* du plan ; la trace *horizontale* est située sur le plan horizontal de projection, et la trace *verticale* sur le plan vertical.

2. Un plan est *horizontal* ou *vertical*, selon qu'il est parallèle ou perpendiculaire au plan horizontal de projection.

Un plan ne peut avoir que deux positions différentes par rapport aux plans de projection : il les rencontre tous deux, ou il n'en rencontre qu'un seul et est parallèle à l'autre. Je vais examiner, dans ces deux cas, la position des traces du plan relativement à la ligne de terre.

THÉORÈME I

Si un plan rencontre les deux plans de projection, ses traces doivent concourir au même point de la ligne de terre, ou être parallèles à cette ligne, ou bien coïncider avec elle.

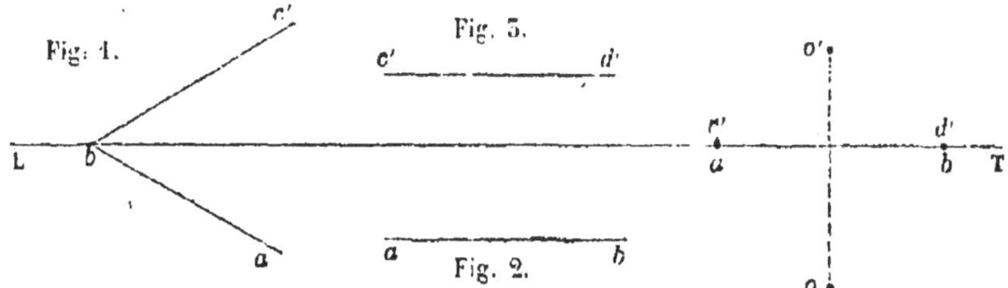

Le plan donné peut couper la ligne de terre, lui être parallèle, ou passer par cette ligne :

1° S'il coupe la ligne de terre, ses traces *ba*, *bc'* (fig. 1) passent par le point d'intersection qui est commun au plan donné et à chacun des plans de projection ; elles concourent donc au même point *b* de la ligne de terre LT.

2° S'il est parallèle à la ligne de terre, ses traces *ab*, *c'd'* (fig. 2) sont évidemment parallèles à cette ligne.

3° S'il passe par la ligne de terre, ses traces *ab*, *c'd'* (fig. 3) coïncident avec cette ligne.

Remarque. Dans les deux premiers cas, le plan est déterminé par ses traces, puisqu'on ne peut faire passer qu'un plan par deux droites concourantes ou parallèles (E, 1, I).

Dans le troisième cas, le plan n'est plus déterminé par ses traces qui se réduisent à une seule droite. Pour fixer la position de ce plan, il faut donner encore l'un de ses points.

Corollaire I. Lorsqu'un plan est perpendiculaire à l'un des plans de projection, sa trace sur l'autre plan est perpendiculaire à la ligne de terre.

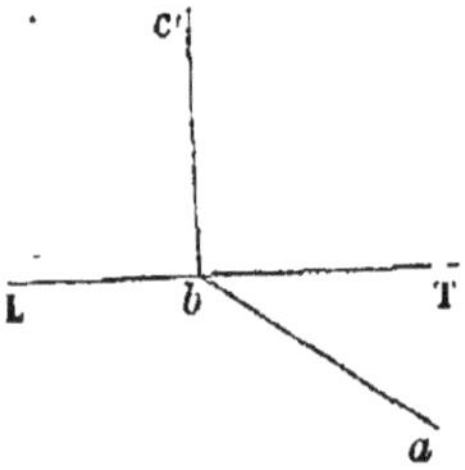

En effet, si le plan *abc'* est perpendiculaire au plan horizontal, sa trace verticale *bc'* est l'intersection de deux plans perpendiculaires au plan horizontal ; donc elle est aussi perpendiculaire au plan horizontal (E, 6, IV) et, par conséquent, à la ligne de terre.

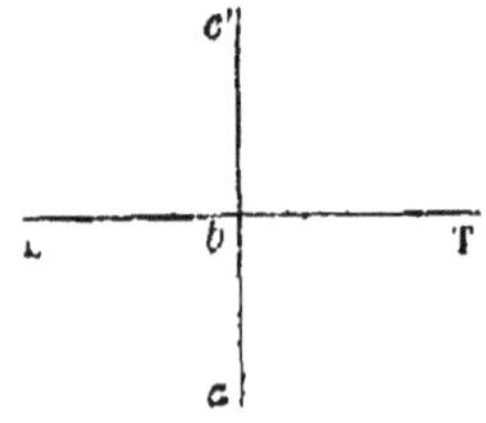

Corollaire II. Les traces ba, bc' *d'un plan perpendiculaire aux deux plans de projection sont perpendiculaires à la ligne de terre, et la coupent au même point.*

THÉORÈME II

Si un plan est parallèle à l'un des plans de projection, il n'a qu'une trace qui est parallèle à la ligne de terre.

Je suppose le plan donné parallèle au plan vertical de projection ; il est évident qu'il n'a pas de trace verticale. Quant à sa trace horizontale *ab*, elle est parallèle à la ligne de terre LT; car ces droites sont les intersections de deux plans parallèles par le plan horizontal de projection (E, 3, VII).

THÉORÈME III

Lorsqu'une ligne droite (vh, v'h') *est située dans un plan* abc, *chacune de ses traces se trouve sur la trace correspondante du plan, et réciproquement.*

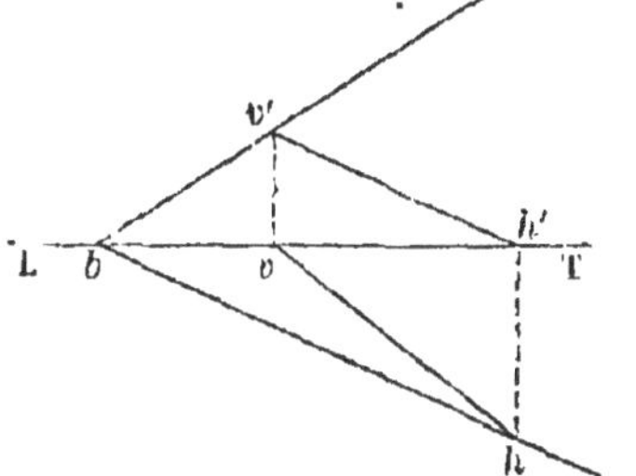

La trace horizontale *h* de la droite est un point commun au plan horizontal de projection et au plan *abc'* qui contient cette droite; donc elle se trouve sur la trace horizontale *ba* de ce dernier plan. Pareillement, la trace verticale *v'* de la droite est située sur la trace verticale *bc'* du plan.

La réciproque est évidente d'après la définition du plan.

THÉORÈME IV

Lorsqu'une ligne droite est perpendiculaire à un plan, chacune de ses projections est perpendiculaire à la trace correspondante du plan.

Soient *cd*, *de'*, les traces d'un plan quelconque, et *ab*, *a'b'*, les projections d'une droite AB perpendiculaire au plan; je dis que la projection horizontale *ab* de la droite est perpendiculaire à la trace horizontale *cd* du plan.

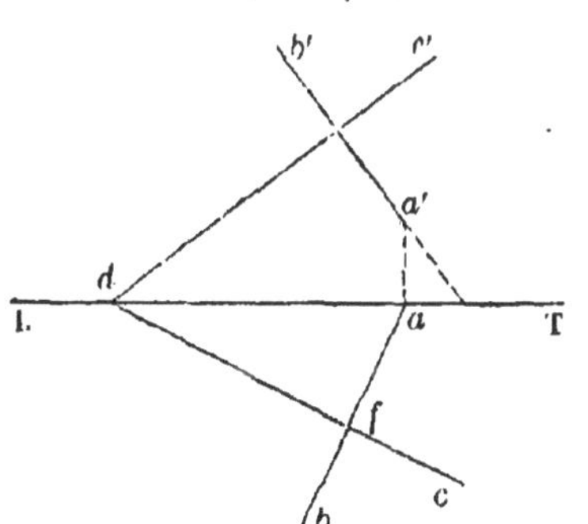

En effet, le plan horizontal de projection et le plan *cde'* sont l'un et l'autre perpendiculaires au plan AB*ab*, projetant horizontalement la droite AB; donc leur intersection *cd* est aussi perpendiculaire à ce plan (E, 6, IV), et, par suite, à la droite *ab* qui passe par son pied *f* dans le plan AB*ab*.

Je démontrerais de même que la projection verticale *a'b'* de AB est perpendiculaire à la trace verticale *de'* du plan *cde'*.

Remarque. La réciproque de ce théorème n'est généralement vraie qu'autant que le plan donné *cde'* n'est pas parallèle à la ligne de terre.

THÉORÈME V

Si deux plans sont parallèles, leurs traces de même nom sont parallèles.

Car ces droites sont les intersections de deux plans parallèles par un même plan.

Remarque. La réciproque de ce théorème n'est généralement vraie que si les deux plans donnés ne sont pas parallèles à la ligne de terre.

PROBLÈME I

Étant données les traces d'un plan et l'une des projections d'une droite située dans ce plan, construire l'autre projection.

Soient *ba*, *bc'*, les traces d'un plan et *vh* la projection horizontale d'une droite de ce plan; pour construire la projection verticale de cette droite, je vais chercher ses traces. La trace horizontale est l'intersection *h* de la droite *vh* et de la trace horizontale *ba* du plan (III); si, par le point *v*, où la droite *vh* coupe la ligne de terre LT, j'élève sur cette ligne la perpendiculaire *vv'* jusqu'à sa rencontre *v'* avec la trace verticale *bc'* du plan, le point *v'* sera la trace verticale de la droite VH; j'aurai dès lors la projection verticale de cette droite en tirant la droite *v'h'* qui joint les projections verticales *v'* et *h'* de ses deux traces.

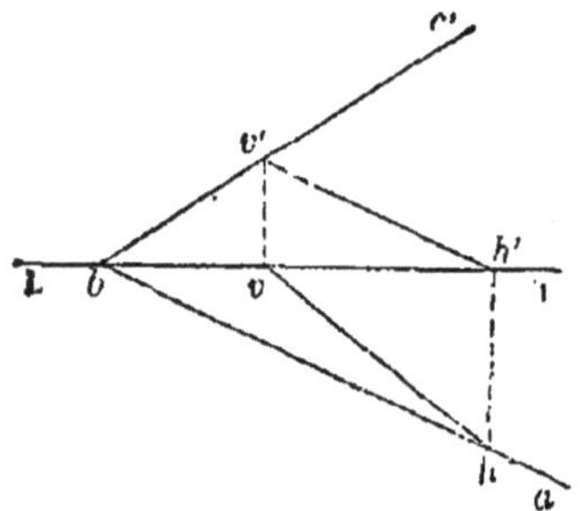

Remarque. Si la projection horizontale *vh* est parallèle à la trace horizontale *ba* du plan, la projection verticale *v'h'* est parallèle à la ligne de terre LT, c'est-à-dire que la droite VH est horizontale.

PROBLÈME II

Étant données les traces d'un plan et l'une des projections d'un point de ce plan, construire l'autre projection.

Soient *ba*, *bc'* les traces d'un plan et *m* la projection horizontale d'un point M de ce plan; pour construire sa projection verticale, je mène par le point *m* une droite quelconque, par exemple la droite *md* parallèle à *ba*, et je considère cette ligne comme la projection horizontale d'une droite du plan *abc'*. Je détermine, par la construction précédente, la projection verticale *d'm'* de cette droite, et j'abaisse ensuite du point *m*, sur la ligne de terre LT, la perpendiculaire *mm'* qui coupe la droite *d'm'* au point *m'*. Ce point est la projection verticale demandée, puisque la droite MD est une horizontale du plan donné *abc'*.

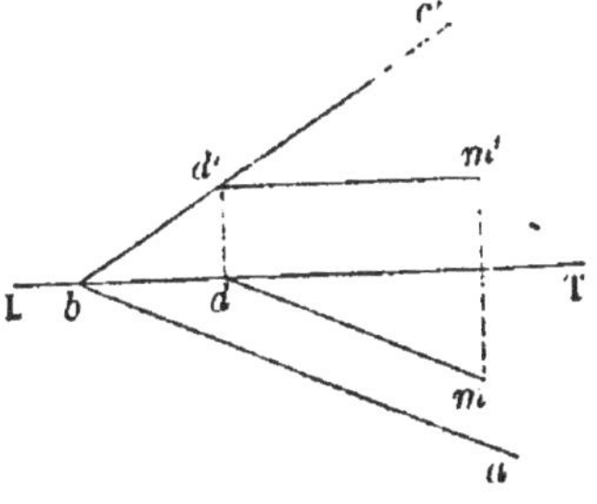

PROBLÈME III

Construire les angles qu'un plan fait avec les plans de projection.

Soient *ba*, *bc'* les traces d'un plan; pour construire l'angle que ce plan fait avec le plan horizontal, je tire, d'un point quelconque de sa trace verticale, par exemple du point *d'*, la droite *d'd* perpendiculaire à la ligne de terre. Cette droite est, par suite, perpendiculaire au plan horizontal (E, 6, II). Je mène ensuite, par son pied *d*, la droite *de*, perpendiculaire à la trace horizontale *ba* du plan. La droite qui joint le pied *e* de cette nouvelle droite au point *d'* est aussi perpendiculaire à *ba*, d'après le théorème des trois perpendiculaires (E, 1, VIII); par conséquent l'angle que cette droite fait avec *ed* est l'angle plan correspondant à l'angle dièdre formé par le plan *abc'* et le plan horizontal (E, 5, I).

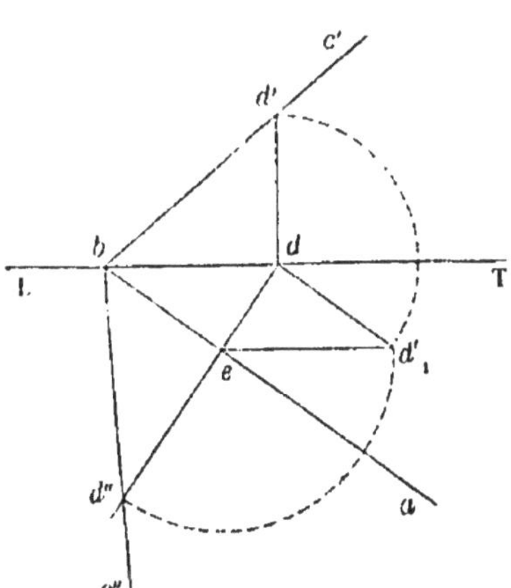

Comme cet angle fait partie d'un triangle rectangle dont les deux côtés de l'angle droit sont *de* et *dd'*, si j'élève au point *d* sur *ed*, une perpendiculaire égale à *dd'*, et que je tire la droite *ed'*$_1$, l'angle *ded*$_1$*'* du triangle rectangle *edd'*$_1$ mesurera l'inclinaison du plan *abc'* sur le plan horizontal.

Je construirais de même l'angle que ce plan fait avec le plan vertical.

Corollaire. — On peut déduire de la construction précédente *l'angle formé par les traces* ba, bc' *du plan* abc'.

En effet, je prolonge la droite *de* d'une longueur *ed''* égale à *ed'*$_1$, et je tire la droite *bd''*. Les deux triangles rectangles *bed''*, *bed'* sont égaux, puisque leur angle droit est compris entre deux côtés égaux chacun à chacun. Donc l'angle *ebd''* est égal à l'angle formé par les traces *ba*, *bc'* du plan.

PROBLÈME IV

Construire les traces du plan déterminé par deux droites, concourantes ou parallèles, dont les projections sont données.

Ce plan a pour trace horizontale la droite qui passe par les traces horizontales des deux droites données (théorème III), et pour trace verticale la droite qui joint les traces verticales des mêmes lignes.

L'épure, que je ne fais qu'indiquer, offre une vérification : Les deux traces du plan doivent être parallèles à la ligne de terre, ou la rencontrer au même point.

Remarque. Pour construire les traces du plan on peut remplacer l'une quelconque des deux droites données par toute autre droite qui les rencontre.

Cette remarque est d'une grande utilité pour la résolution de quelques cas particuliers de ce problème.

PROBLÈME V

Construire les traces d'un plan déterminé par un point et une droite dont les projections sont données.

Je mène par le point donné une droite qui soit parallèle à la droite donnée, ou la rencontre en un point quelconque, et le problème est ramené au cas précédent, parce que la seconde droite est située dans le plan demandé.

PROBLÈME IV

Construire les traces du plan déterminé par trois points donnés A, B, C, *qui ne sont pas en ligne droite.*

Je construis les projections des droites AB, BC, CA, qui sont toutes trois dans le plan demandé, et le problème est ramené à construire les traces du plan des deux droites AB, BC.

La solution est soumise à cette vérification que le plan doit contenir la troisième droite CA.

PROBLÈME VII

Mener par un point donné un plan parallèle à un plan donné.

Tracez les projections d'une droite quelconque située dans le plan donné, et menez par le point donné une parallèle AB à cette droite. Les traces du plan demandé sont respectivement parallèles à celles du plan donné et passent par les traces de la droite AB.

Remarque. Lorsque le plan donné rencontre la ligne de terre, la construction précédente peut être simplifiée en prenant la droite AB parallèle à l'une des traces du plan donné; car, l'une des traces du plan demandé étant construite, l'intersection de cette droite et de la ligne de terre déterminera un point de l'autre trace.

Méthode des rabattements.

Lorsque le problème proposé ne dépend que de la géométrie plane, c'est-à-dire lorsque les données et les inconnues se trouvent dans un même plan, il importe, pour la simplicité de la solution et de l'épure, que la construction des inconnues soit faite sur le plan même de la figure. Pour cela, on commence par construire les traces de ce plan, lorsqu'elles ne sont pas données, puis on rabat ce plan sur l'un des plans de projection, par exemple sur le plan horizontal, en le faisant tourner sur sa trace horizontale comme axe. On cherche ensuite les positions des données du problème (points et lignes) sur le plan horizontal.

La figure proposée étant ainsi ramenée dans le plan horizontal, on construit alors les inconnues, puis on détermine leurs projections, en *relevant* le plan donné, c'est-à-dire en le replaçant dans sa position primitive par un mouvement de rotation effectué autour de sa trace horizontale en sens inverse du rabattement.

PROBLÈME VIII

Rabattre sur le plan horizontal de projection un point situé dans un plan donné.

Soient *ba*, *bc'* les traces du plan donné, et *m* la projection horizontale du point M de ce plan; je suppose 1° le plan *abc'* perpendiculaire au plan vertical de projection, sa trace horizontale *ba* est, par suite, perpendiculaire à la ligne de terre (Théor. I), et la projection verticale *m'* du point M est l'intersection de la perpendiculaire abaissée du point *m* sur LT et de la trace verticale *bc'* du plan donné. Cela posé, j'abaisse du point *m* la perpendiculaire *md* sur la droite *ba*, et je suppose le pied *d* de cette perpendiculaire joint au point M par la droite *d*M qui, d'après le théorème des trois perpendiculaires, est aussi perpendiculaire à *ba*; je fais tourner ensuite le plan *abc'* sur sa trace horizontale *ba* comme axe, jusqu'à ce qu'il coïncide avec le plan horizontal de projection. Pendant ce mouvement, la droite *d*M ne cesse pas d'être perpendiculaire à *ba*, et vient s'appliquer sur sa projection horizontale *dm*; pour avoir la position du point M sur le plan horizontal, après le rabattement, il suffit dès lors de prendre sur *dm* une longueur *dm* égale à *d*M, ou à sa projection verticale *bm'* (3, III), puisque *d*M est parallèle au plan vertical; l'extrémité m_1 de cette longueur sera le point M rabattu sur le plan horizontal de projection.

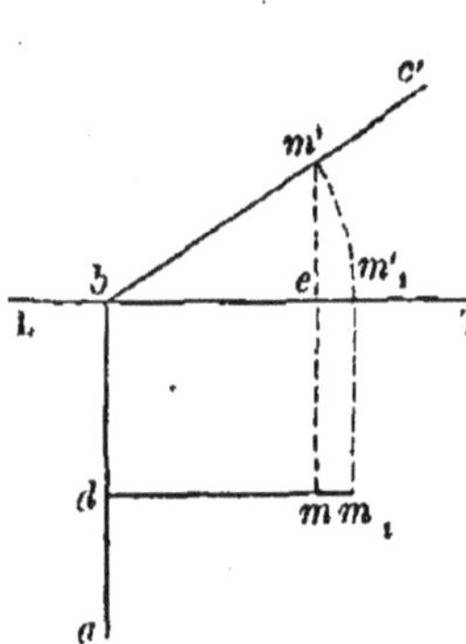

Au lieu de porter directement la longueur *bm'* sur *dm*, on peut décrire du point *b* comme centre, avec le rayon *bm'*, un arc de cercle qui coupe la ligne de terre au point m'_1, mener ensuite de ce point une parallèle à la droite *ba*, et la prolonger jusqu'à sa rencontre m_1 avec *dm*. Il est évident que la droite dm_1 égale bm'_1, et par suite *bm'*.

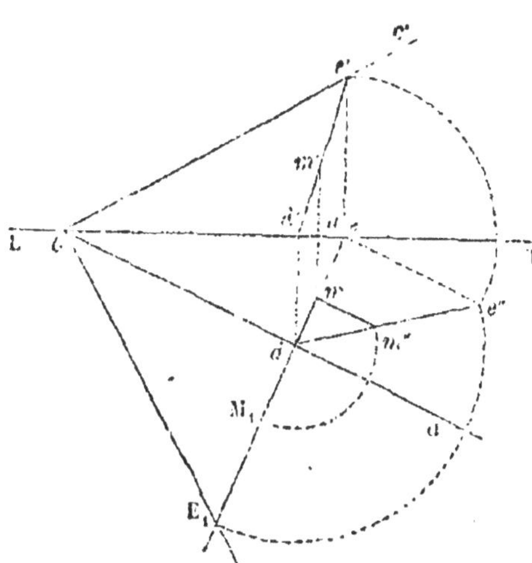

2° Je suppose le plan *abc'* oblique au plan vertical de projection ; sa trace horizontale *ba* n'est pas perpendiculaire à la ligne de terre, et la projection verticale *m'* du point M ne se trouve plus sur la trace verticale *bc'* du plan donné. Je détermine le point *m'*, d'après le procédé précédemment expliqué (Problème II), en prenant pour projection horizontale de la droite auxiliaire la perpendiculaire *de*, abaissée du point *m* sur la trace horizontale *ba* du plan. Soit *d* l'intersection des lignes *de* et *ba* ; la droite qui joint le point *d* au point M est perpendiculaire à *ba*, d'après le théorème des trois perpendiculaires ; elle se rabat dès lors sur sa projection horizontale *dm*, lorsque le plan *abc'*, tournant sur *ba* comme axe, coïncide avec le plan horizontal de projection. Pour avoir la position du point M, après le rabattement, il suffit donc de construire la distance *d*M du point *d* au point M, et de prendre sur la droite *dm*, à partir du point *d*, la longueur dM_1 égale à *d*M.

Or, la longueur *d*M est l'hypoténuse du triangle rectangle *md*M dans lequel on connaît les deux côtés *md*, *m*M de l'angle droit, puisque *m*M est égal à la distance *m'n* de la projection verticale *m'* du point M à la ligne de terre. Par conséquent, si j'élève sur *dm* la perpendiculaire *mm''* égale à *m'n*, et que je tire la droite *dm''*, cette droite sera égale à *d*M ; je décris ensuite du point *d* comme centre, avec le rayon *dm''*, un arc de cercle qui rencontre le prolongement de *md* au point demandé M_1.

Remarque I. La construction précédente fait connaître l'inclinaison du plan *abc'* sur le plan horizontal ; car cette inclinaison est mesurée par l'angle *md*M dont les deux côtés sont perpendiculaires à l'arête de l'angle dièdre, formé par le plan *abc'* et le plan horizontal de projection, et l'angle *mdM* est égal à l'angle *mdm''*.

Remarque II. Si l'on construit les projections *e*, *e'* de la trace verticale E de la droite *dM*, et qu'on rabatte ce point en E_1, sur le plan horizontal, la droite bE_1 sera le rabattement de la trace verticale *bc'* du plan *abc'*, et l'angle abE_1 sera égal à l'angle des traces de ce plan. On retrouve ainsi la construction précédemment donnée (Problème III).

PROBLÈME IX

Étant données les traces d'un plan et la position d'un point de ce plan rabattu sur l'un des plans de projection, construire les projections de ce point.

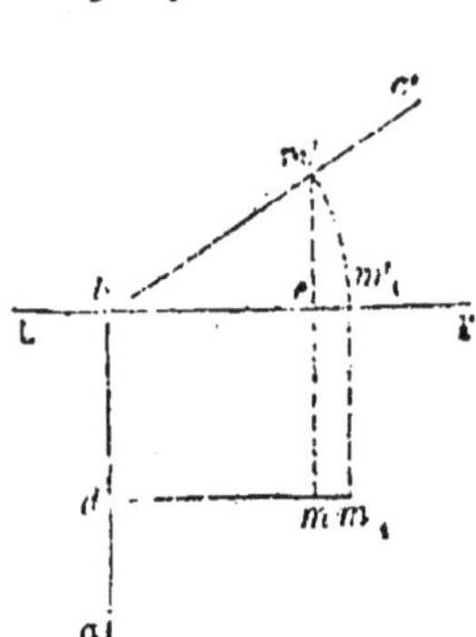

Soient *ba*, *bc'* les traces d'un plan et m_1 la position d'un point M de ce plan rabattu sur le plan horizontal; je suppose 1° le plan *abc'* perpendiculaire au plan vertical de projection, sa trace horizontale est dès lors perpendiculaire à la ligne de terre. J'abaisse du point m_1 la perpendiculaire m_1d sur la droite *ba;* le plan *abc'* étant supposé rabattu sur le plan horizontal, je le relève, c'est-à-dire que je le fais tourner sur sa trace horizontale *ba* comme axe, jusqu'à ce qu'il ait repris sa position primitive *abc'*. Pendant ce mouvement, la droite m_1d reste perpendiculaire à *ba* et, par suite, parallèle au plan vertical de projection; elle se projette donc en vraie grandeur sur ce plan, et l'on a la projection verticale de son extrémité m_1, ou M, en prenant sur *bc'* une longueur *bm'* égale à dm_1. Quant à la projection horizontale du même point, on la trouve en abaissant du point *m'* une perpendiculaire sur la ligne de terre et la prolongeant jusqu'à son intersection *m* avec la droite dm_1; car la distance du point M au plan vertical est égale à la distance de son rabattement m_1 à la ligne de terre.

Au lieu de prendre directement la longueur bm' égale à dm_1, on peut abaisser du point m_1 la perpendiculaire $m_1m'_1$ sur la ligne de terre et décrire du point b comme centre, avec le rayon bm'_1, un arc de cercle qui rencontre la trace verticale du plan abc' au point demandé m'.

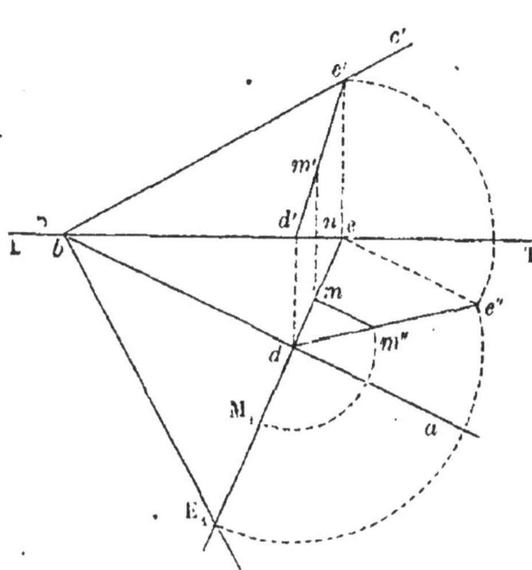

2° Je suppose le plan abc' oblique au plan vertical de projection ; sa trace horizontale ba n'est plus perpendiculaire à la ligne de terre. Soit M_1 le rabattement d'un point M de ce plan ; pour construire les projections de ce point, j'abaisse du point M_1 la perpendiculaire M_1d sur la droite ba, et je la prolonge jusqu'au point e, où elle rencontre la ligne de terre ; j'élève ensuite par ce point, sur LT, la perpendiculaire ee' qui coupe la trace verticale bc' du plan abc' au point e'. La droite, déterminée par les deux points d et e', est perpendiculaire à ba, d'après le théorème des trois perpendiculaires, de sorte qu'elle se rabat sur le plan horizontal suivant la droite dM_1 ; le point M se trouve donc sur la ligne de', à une distance du point d égale à dM_1. En construisant dès lors le triangle rectangle dee'' égal au triangle rectangle dee', prenant sur l'hypoténuse de'' une longueur dm'' égale à dM_1, et abaissant du point m'' la perpendiculaire $m''m$ sur de, j'aurai la projection horizontale de M. Pour avoir sa projection verticale, j'abaisse du point m la perpendiculaire mm' sur la ligne de terre jusqu'à la rencontre m' de la droite $d'e'$.

PROBLÈME X

Rabattre sur le plan horizontal une droite située dans un plan donné.

Soient de, $d'e'$ les projections d'une droite, située dans le plan abc'; pour rabattre cette droite sur le plan horizontal, on effectue les rabattements de deux points quelconques de DE, et l'on joint par une ligne droite ces deux points rabattus.

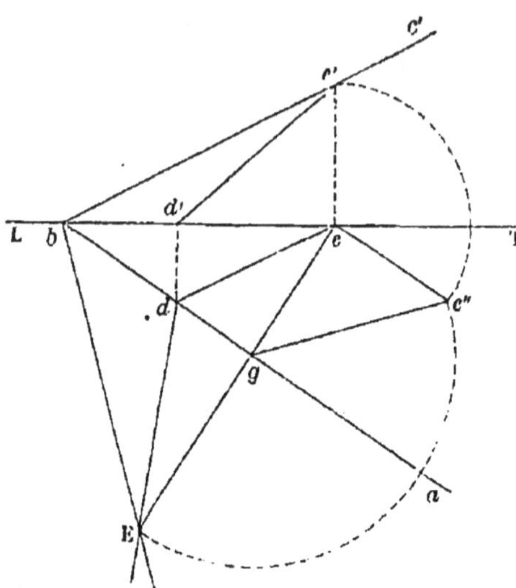

On simplifie cette construction en ne rabattant qu'un point de la droite DE, par exemple sa trace verticale e', et joignant ce point à la trace horizontale d de cette ligne; car le point D coïncide avec son rabattement, puisqu'il est dans le plan horizontal.

PROBLÈME XI

Étant données les traces d'un plan et une droite de ce plan, rabattue sur le plan horizontal, construire les projections de cette droite.

Construisez les projections de deux points de la droite, et joignez par des lignes droites les projections horizontales de ces points et leurs projections verticales.

Remarque. Le point d'intersection de la droite rabattue et de la trace horizontale du plan donné étant la trace horizontale de la droite, il est donc avantageux de prendre ce point pour l'un des deux points dont on cherche les projections.

PROBLÈME XII

Construire les projections du centre et la grandeur du rayon du cercle qui passe par trois points donnés.

Soient a, a', b, b' et c, c' les projections des trois points donnés A, B, C qui ne sont pas en ligne droite; je construis les traces horizontales d et e des deux droites BC, AC, et je tire la droite de qui est la trace horizontale du plan passant par les trois points A, B, C. Je rabats ensuite ce plan sur le plan horizontal de projection en le faisant tourner sur *de* comme axe.

Pour opérer simplement le rabattement des trois points donnés, je rabats l'un d'eux, par exemple le point A, d'après le procédé connu. Soit A_1 la position que ce point prend sur le plan horizontal; je tire la droite A_1e qui représente la droite AC rabattue. En abaissant dès lors du point *c* une perpendiculaire sur la droite *de*, et la prolongeant jusqu'au

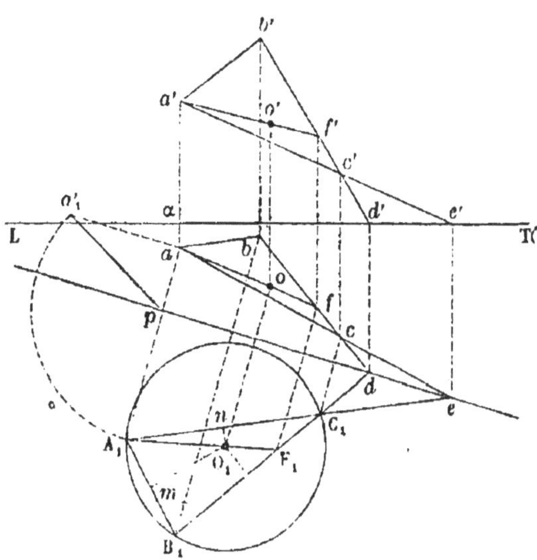

point C_1 où elle coupe la droite A_1e, j'obtiens le rabattement du point C. Je tire ensuite la droite C_1d qui n'est autre que la droite BC rabattue sur le plan horizontal, et j'abaisse du point *b*, sur *de*, une perpendiculaire qui détermine le rabattement du point B par son intersection B_1 avec C_1d. Les trois points A_1, B_1, C_1 étant trouvés, je construis le centre O_1 du cercle circonscrit au triangle $A_1B_1C_1$, en élevant les perpendiculaires mO_1, nO_1 aux milieux des côtés A_1B_1, B_1C_1; le rayon du cercle est par suite égal à la droite O_1A_1.

Pour construire les projections *o*, *o'*, du centre, je pourrais employer la méthode connue (IV); mais il est plus simple, dans ce cas, d'opérer de la manière suivante : je tire la droite A_1O_1, qui coupe le côté B_1C_1 du triangle $A_1B_1C_1$ au point F_1; j'abaisse de ce point la perpendiculaire F_1f sur la droite *de*. Cette ligne rencontre la projection horizontale *ab* de la droite BC au point *f*, qui est dès lors la projection horizontale du point F_1; j'obtiens ensuite la projection verticale de ce point, en abaissant du point *f* une perpendiculaire sur la ligne de terre, et la prolongeant jusqu'à sa rencontre *f'* avec *b'c'*. Je tire les droites *af*, *a'f'*, qui sont les projections de la droite

AF sur laquelle se trouve le centre O; si je mène dès lors du point O_1 une perpendiculaire sur la trace horizontale *de* du plan des trois points, le point d'intersection *o* de cette perpendiculaire et de la droite *af* sera la projection horizontale du centre; j'aurai par suite sa projection verticale *o'*, en abaissant du point *o* une perpendiculaire sur la ligne de terre, jusqu'à la rencontre de la droite *a'f'*.

PROBLÈME XIII

Construire la distance d'un point à une ligne droite.

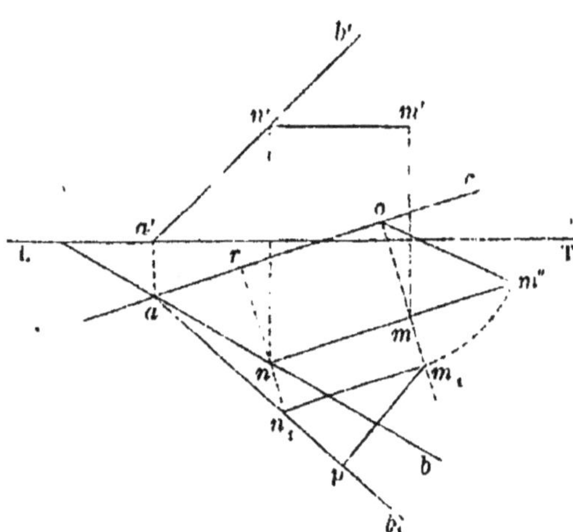

Soient *ab*, *a'b'* les projections de la droite, et *m*, *m'* celles du point donné; pour résoudre le problème proposé, je vais construire la trace horizontale du plan déterminé par la droite AB et le point M, et rabattre ensuite ce plan sur le plan horizontal. A cet effet, je tire par le point M une parallèle à la trace horizontale du plan (M, AB); cette droite se projette verticalement suivant la parallèle *m'n'* que je mène à la ligne de terre par le point *m'*, et elle rencontre la droite AB en un point N dont la projection verticale est l'intersection *n'* des deux lignes *a'b'*, *m'n'*. Pour avoir la projection horizontale du point N et, par suite, celle de l'horizontale MN, j'abaisse du point *n'* une perpendiculaire sur la ligne de terre, et je la prolonge jusqu'au point *n*, où elle coupe la droite *ab*; puis je trace la droite *mn*.

Cela posé, je construis la trace horizontale *a* de la droite AB, et je mène par ce point la droite *ac* parallèle à *mn*; cette droite est la trace horizontale du plan (M, AB) que je rabats sur le plan horizontal de projection. Soient m_1 et n_1 les positions que les points M et N prennent alors dans le plan horizontal;

la droite AB se rabat par suite suivant la droite an_1. En abaissant dès lors la perpendiculaire m_1p du point m_1 sur la droite an_1, j'aurai la distance demandée du point M à la droite AB.

Remarque. On peut déduire de cette construction les projections de la perpendiculaire m_1p, en cherchant celles du point p, et les joignant par des lignes droites aux projections correspondantes du point M.

Exercices.

1° Mener, par une droite donnée, un plan parallèle à une autre droite, aussi donnée.

2° Mener, par un point donné, un plan parallèle à deux droites.

3° Mener, par une droite donnée, un plan perpendiculaire à un plan donné.

4° Mener, par une droite donnée, un plan faisant un angle donné avec le plan horizontal de projection.

5° Construire les projections d'un carré, les traces de son plan et les projections horizontales de deux sommets étant données.

6° Les traces d'un plan et la projection horizontale d'un point de ce plan étant données, construire les projections d'une droite passant par ce point et formant avec les traces du plan un triangle de périmètre donné.

7° Une droite et un point étant donnés, mener par le point une droite qui coupe la droite donnée sous un angle donné.

8° Une droite et un point étant donnés, mener par ce point une droite telle que la portion de cette ligne comprise entre la droite et le point donnés ait une longueur donnée.

9° Les traces d'un plan et la projection horizontale d'un point de ce plan étant données, construire les projections de la circonférence tangente aux deux traces du plan et passant par le point donné.

HUITIÈME ET NEUVIÈME LEÇON

PROGRAMME. — Intersection de deux plans. — Intersection d'une ligne droite et d'un plan.

PROBLÈME I

Construire les projections de l'intersection d'un plan quelconque et d'un plan parallèle à l'un des plans de projection.

Soient ba, bc' les traces du premier plan et $m'n'$ la trace verticale du second que je suppose d'abord parallèle au plan horizontal de projection; la droite $m'n'$ est dès lors parallèle à la ligne de terre (5, II). L'intersection de ces deux plans est une horizontale du plan abc', puisque le plan $m'n'$ est par hypothèse parallèle au plan horizontal de projection; cette droite a pour trace verticale le point de rencontre d' des traces verticales bc', $m'n'$ des deux plans donnés (5, III) et pour projection verticale la droite $m'n'$ elle-même. Quant à sa projection horizontale, elle est parallèle à la trace horizontale ba du plan abc'; pour la construire, je projette le point d' sur le plan horizontal, en abaissant de ce point la perpendiculaire $d'd$ sur la ligne de terre (1, I), et je mène ensuite, par le point d, la parallèle de à la droite ba.

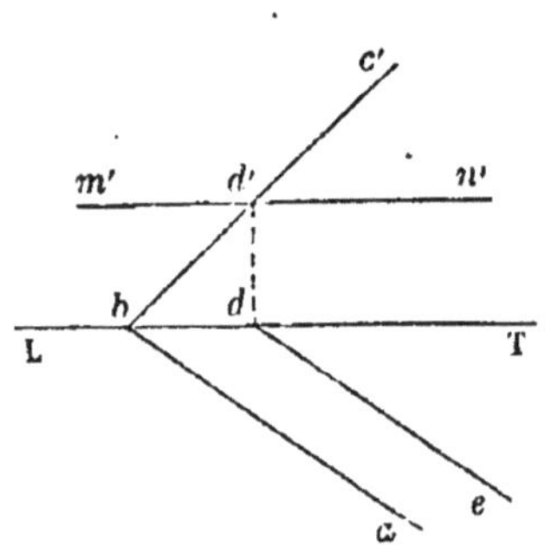

Je suppose maintenant que le second plan donné soit parallèle au plan vertical de projection, et je prends pour sa trace horizontale la droite pq parallèle à la ligne de terre. Ce plan coupe le plan *abc'* suivant la verticale qui a pour trace horizontale le point de rencontre *d* des traces horizontales des deux plans; par conséquent, cette droite a pour projection horizontale la droite *pq* elle-même, et pour projection verticale une parallèle à la trace verticale *bc'* du plan *abc'*. Pour construire cette dernière projection,

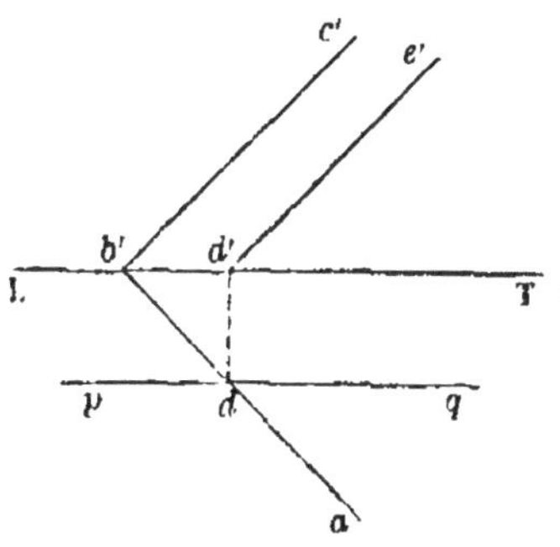

je projette le point *d* sur le plan vertical de projection, et de sa projection *d'*, qui se trouve sur la ligne de terre (1, I), je tire la droite *d'e'* parallèle à *bc'*.

PROBLÈME II

Construire les projections de l'intersection de deux plans dont les traces de même nom se rencontrent.

Soient *ba*, *bc'* les traces de l'un des plans et *ed*, *ef'* les traces de l'autre; la ligne d'intersection de ces plans a pour trace horizontale le point de rencontre *g* de leurs traces horizontales *ba*, *ed* (5, III), et pour trace verticale le point de rencontre *h'* de leurs traces verticales *bc'*, *ef'*. La question est donc ramenée à construire les projections de la droite qui passe par les deux points *g* et *h'*. Je

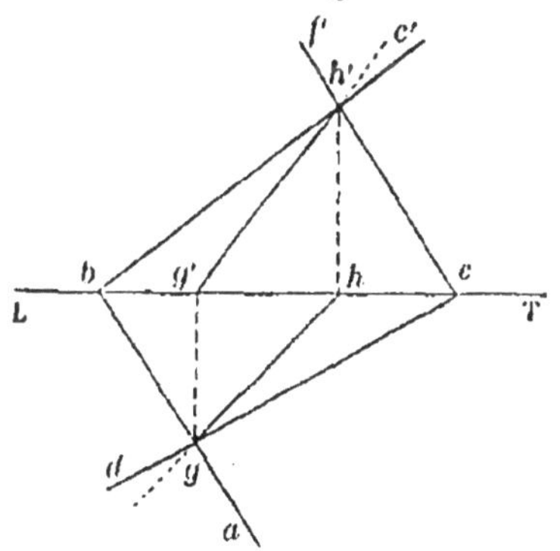

commence par déterminer les projections de ces deux points. J'abaisse du point *g* la perpendiculaire *gg'* sur la ligne de terre; le pied *g'* de cette droite est la projection verticale de *g*, et le point *g* lui-même, sa projection horizontale, puisque ce point se trouve dans le plan horizontal de projection (1, I). J'obtiens de même les projections *h* et *h'* du point *h'*, et je tire les droites *gh*, *g'h'* qui sont les projections horizontale et verticale de l'intersection des deux plans *abc'*, *def'*.

Remarque. Cette construction n'est plus applicable : 1° lorsque les points d'intersection g et h' des traces de même nom des deux plans sont hors des limites de l'épure ; 2° lorsque ces points coïncident, c'est-à-dire lorsque les deux plans coupent la ligne de terre au même point. Je vais examiner successivement ces deux cas particuliers.

1° *Construire les projections de l'intersection de deux plans dont les traces de même nom se rencontrent hors des limites de l'épure.*

Soient ba, bc' les traces de l'un des deux plans et ed, ef' les traces de l'autre ; je suppose que leurs traces horizontales ba, ed se rencontrent hors des limites de l'épure, ainsi que leurs traces verticales bc', ef'.

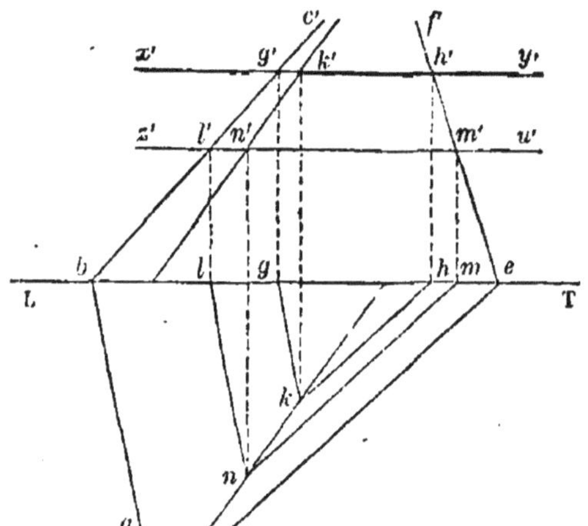

Pour construire les projections de l'intersection de ces plans, je prends un plan auxiliaire, parallèle au plan horizontal ; soit $x'y'$ sa trace verticale. Je construis ensuite d'après la méthode connue (I) les projections $x'y'$, gk et $x'y'$, hk des deux droites suivant lesquelles ce plan auxiliaire coupe respectivement les deux plans abc', def'. Du point d'intersection k des projections horizontales de ces droites, j'abaisse sur la ligne de terre une perpendiculaire qui rencontre leur projection verticale commune $x'y'$ au point k'. Le point dont les projections sont k et k' fait partie de l'intersection des plans abc', def', puisqu'il se trouve dans chacun d'eux.

Je construis de même un second point de cette intersection, en coupant les deux plans donnés par un second plan auxiliaire $z'u'$ que je prends encore parallèle au plan horizontal. Soient n et n' les projections de ce point ; je tire les droites kn, $k'n'$ qui sont les projections de l'intersection des deux plans abc', def'.

2° *Construire les projections de l'intersection de deux plans qui coupent la ligne de terre au même point.*

Soient *ba*, *bc'* les traces de l'un des plans et *bd*, *be'* les traces de l'autre. Ces plans se coupent suivant une droite qui passe par le point *b* où chacun d'eux rencontre la ligne de terre. Pour déterminer un second point de cette droite, je coupe les deux plans par un plan auxiliaire que je suppose horizontal; soit *x'y'* sa trace verticale. Je construis ensuite les projections *x'y'*, *fh* et *x'y'*, *gh* des deux droites suivant lesquelles il rencontre respectivement les deux plans *abc'*, *dbe'*. Ces droites se coupent en un point dont les projections sont *h* et *h'*, et qui fait partie de l'intersection des deux plans donnés; par conséquent les droites *bh*, *bh'* sont les projections de cette intersection.

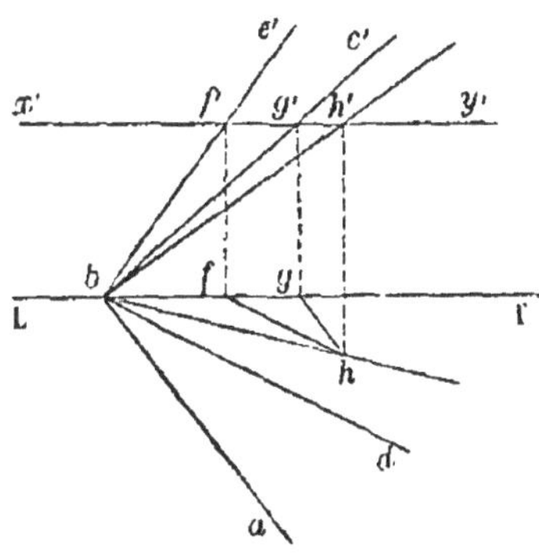

PROBLÈME III

Construire les projections de l'intersection de deux plans dont les traces horizontales ba, ed *sont parallèles, et les traces verticales* bc', ef' *se rencontrent.*

On démontre dans la géométrie que les deux plans donnés qui passent par les deux droites parallèles *ba*, *ed*, se coupent suivant une droite parallèle à *ba* et *ed*. Donc, pour construire l'intersection de ce plan, il faut mener une parallèle à *ba* par le point (*g*, *g'*), où se rencontrent leurs traces verticales *bc'*, *ef'*. Cette droite a sa projection horizontale *gh* parallèle à *ba*, et sa projection verticale *g'h'* parallèle à la ligne de terre.

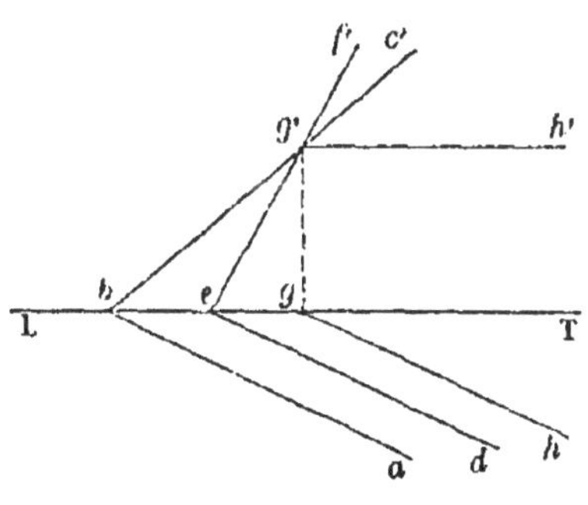

PROBLÈME IV

Construire les projections de l'intersection de deux plans parallèles à la ligne de terre.

Les deux plans donnés étant parallèles à la ligne de terre, leurs traces et leur intersection doivent être parallèles à la droite LT. Soient *ab* et *c'd'* les traces de l'un de ces plans et *ef*, *g'h'* les traces de l'autre; pour construire les projections de leur intersection, je les coupe par un plan qui rencontre la ligne de terre et soit perpendiculaire au plan horizontal. Je prends dès lors pour la trace horizontale de ce plan auxiliaire une droite quelconque *lm* et pour sa trace verticale la droite *lq'* perpendiculaire à la ligne de terre. Je construis ensuite d'après la méthode connue (II) les projections *lm*, *n'm'*, et *lm*, *q'p'* des deux droites suivant lesquelles le plan *mlq'* rencontre respectivement les deux plans donnés *abc'd'*, *efg'h'*. Comme ces deux droites se coupent au point (*r*, *r'*), les plans *abc'd'*, *efg'h'* se coupent aussi, et leur intersection a pour projections les parallèles *xy*, *x'y'* menées à la ligne de terre par les points *r* et *r'*.

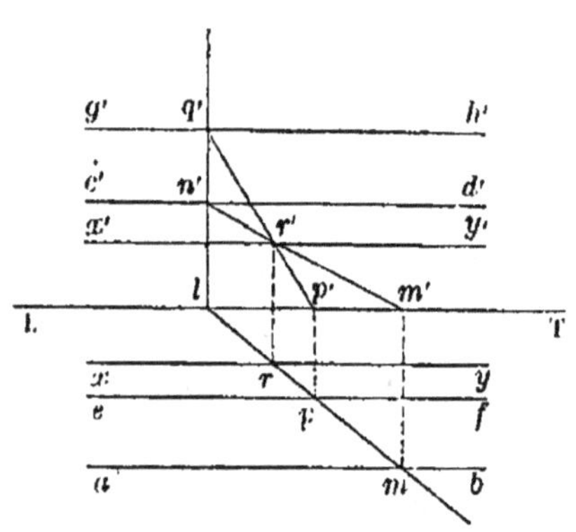

Remarque. Si les deux droites suivant lesquelles le plan auxiliaire coupe les deux plans donnés étaient parallèles, ces derniers plans seraient aussi parallèles.

PROBLÈME V

Construire les projections de l'intersection de deux plans dont l'un passe par la ligne de terre et un point donné.

Soient *o* et *o'* les projections du point *O* qui détermine le plan passant par la ligne de terre, et *ba*, *bc'* les traces de l'autre plan. L'intersection de ces deux plans passe par le point *b*

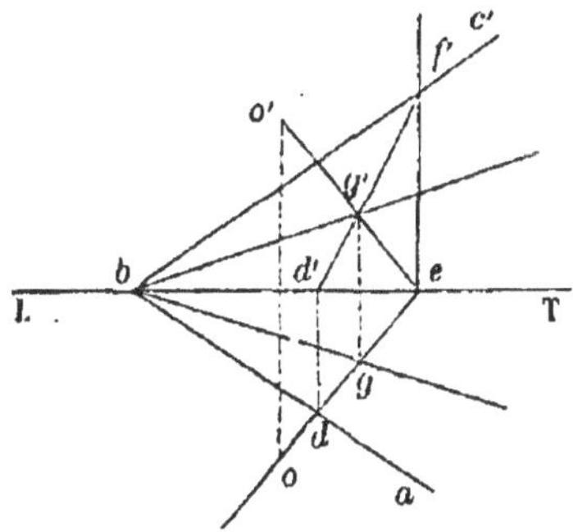

où le plan *abc'* rencontre la ligne de terre; pour déterminer un second point de cette droite, je coupe les deux plans donnés par un plan vertical que je mène par le point O et qui rencontre la ligne de terre en un point quelconque *e*, la droite *oe* sera dès lors la trace horizontale de ce plan, et la droite *el'*, perpendiculaire à la ligne de terre, sera sa trace verticale (5, I).

Le plan *oel'* coupe le plan OLT suivant la droite qui joint le point O au point *e* et dont les projections sont par suite *oe* et *o'e*; il coupe aussi le plan *abc'* suivant une droite dont on construit facilement les projections *oe*, *d'l'*, puisque les traces de même nom des deux plans se rencontrent (II). Comme les projections verticales *o'e*, *d'l'* de ces deux droites se coupent au point *g'*, ces droites qui sont dans le même plan *oel'* se coupent aussi, et leur intersection (*g*, *g'*) est un point commun aux deux plans donnés; par conséquent, les droites *bg*, *bg'* sont les projections de l'intersection de ces plans.

Remarque. Si les droites *o'e*, *d'l'*, au lieu de se rencontrer, étaient parallèles, le plan auxiliaire *oel'* couperait les deux plans donnés suivant deux droites parallèles entre elles et, par suite, parallèles à l'intersection de ces deux plans. On obtiendrait alors les projections de cette intersection en menant du point *b* des parallèles aux projections *oe*, *o'e* de la droite O*e*.

PROBLÈME VI

Construire les projections du point d'intersection d'une ligne droite et d'un plan.

Soient *ba*, *bc'* les traces du plan, et *de*, *d'e'* les projections de la droite; le point où la droite DE traverse le plan *abc'* est commun à ce plan et à tout plan passant par DE. Par conséquent, si je construis les projections de la droite FH suivant laquelle le plan donné est rencontré par l'un des plans projetant la droite DE, par exemple par le plan qui la projette verticalement (II), le point cherché sera l'intersection (g, g') des deux droites DE et FH.

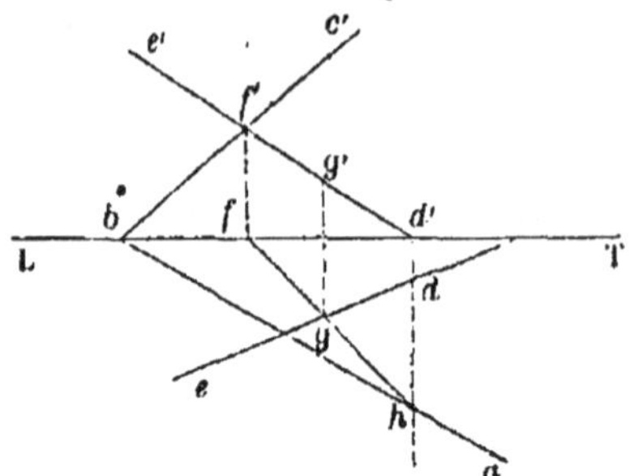

Remarque. La construction précédente, dans laquelle on emploie l'un des plans projetant la droite donnée, est en défaut lorsque cette droite est perpendiculaire à la ligne de terre. Alors la droite DE peut être perpendiculaire à l'un des plans de projection ou oblique à l'un et à l'autre. Je vais examiner successivement ces deux hypothèses :

1° *Intersection d'un plan et d'une droite perpendiculaire à l'un des plans de projection.*

Soient dc, de' les traces du plan et ab, $a'b'$ les projections de la droite que je suppose perpendiculaire au plan horizontal; la projection verticale $a'b'$ est perpendiculaire à la ligne de terre et la projection horizontale ab est un point situé sur le prolongement de la droite $a'b'$ (3, II.) Je mène par la droite AB un plan quelconque fgh'; la trace horizontale fg de ce plan passe par le pied a de la droite AB, et sa trace verticale gh' est perpendiculaire à la ligne de terre (5, I). Je construis ensuite les projections gk, $g'k'$ de l'intersection du plan donné cde' et du plan auxiliaire; le point (b, b') où cette droite rencontre la droite donnée AB est l'intersection de AB et du plan cde'.

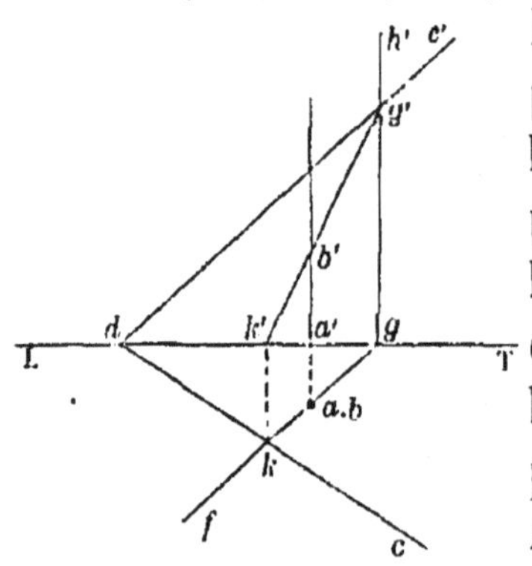

2° *Intersection d'un plan et d'une perpendiculaire à la ligne de terre, déterminée par deux points donnés* A, B.

Soient dc et de' les traces du plan, la droite AB étant perpendiculaire par hypothèse à la ligne de terre, ses projections ab, $a'b'$ sont aussi perpendiculaires à cette ligne et la rencontrent au même point. Comme la droite aa' coupe les traces du plan cde' aux points f et g', la droite qui joint ces deux points est l'intersection du plan donné et du plan ABab, projetant horizontalement la droite AB.

Cela posé, je remarque ensuite que le point d'intersection de la droite AB et du plan cde' n'est autre que le point commun aux deux droites AB, fg'. Pour le construire, je rabats le plan ABab sur le plan horizontal de projection, en le faisant tourner sur sa trace horizontale ab comme axe. Soient A_1, B_1 et g_1' les positions que prennent alors les trois points A, B, g'; les droites AB, fg' se rabattent dès lors suivant les droites A_1B_1, fg'_1 qui se coupent au point o_1. Je relève le plan ABab et je détermine les projections o, o' du point o_1, c'est-à-dire du point d'intersection de la droite AB et du plan cde'.

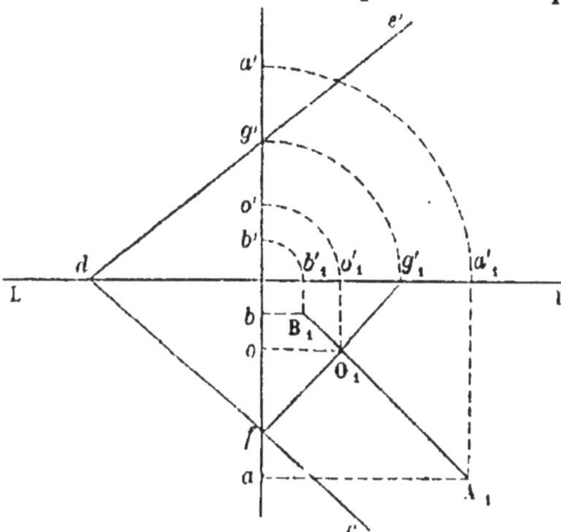

PROBLÈME VII

Construire les projections de l'intersection d'une ligne droite AB et d'un plan déterminé par trois points C, D, E, *sans faire usage des traces du plan.*

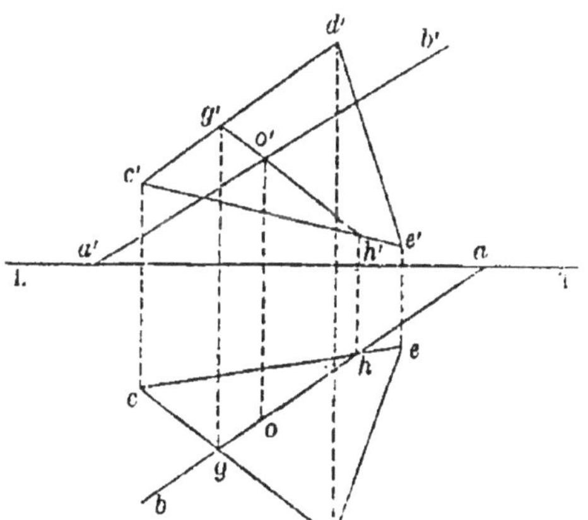

Le plan ABab qui projette horizontalement la droite AB rencontre la droite CD au point (g, g') et la droite CE au point (h, h'); il coupe dès lors le plan CDE suivant la droite $(gh, g'h')$. Or, cette droite rencontre la droite AB au point (o, o'); par conséquent, ce point est l'intersection de la droite AB et du plan CDE.

PROBLÈME VIII

Construire les projections de l'intersection de deux plans dont l'un est déterminé par les trois points A, B, C, *et l'autre par les trois points* D, E, F, *sans faire usage de leurs traces.*

Je construis, au moyen du problème précédent, les points d'intersection du plan ABC et de chacune des droites DE, DF; la droite qui joint ces deux points est la ligne suivant laquelle les deux plans ABC, DEF se rencontrent.

Problèmes à résoudre.

1. Construire les projections de l'intersection de deux plans ayant chacun leurs traces en ligne droite.

2. Construire les projections de l'intersection de deux plans dont l'un soit le plan bissecteur de l'angle dièdre antérieur-supérieur, ou de l'angle dièdre postérieur-supérieur.

3. Construire les projections de l'intersection de deux plans respectivement perpendiculaires aux deux plans bissecteurs des angles dièdres formés par les plans de projection.

4. Construire les projections de l'intersection d'un plan et d'une droite parallèle à la ligne de terre.

5. Construire les projections de l'intersection d'un plan dont les traces sont en ligne droite et d'une droite perpendiculaire à la ligne de terre, déterminée par deux points donnés.

6. Construire les projections de l'intersection d'une droite dont les projections sont en ligne droite et d'un plan, parallèle à la ligne de terre, dont les traces coïncident.

7. On donne les projections d'un point, et un plan défini par trois points. Reconnaître si le point est dans le plan ou hors de ce plan, et dans ce dernier cas s'il se trouve au-dessus ou au-dessous du plan.

DIXIÈME LEÇON

PROGRAMME — Distance d'un point à un plan. — Distance d'un point à une droite.

THÉORÈME I

Lorsqu'une droite AB *est perpendiculaire à un plan* cde', *chacune de ses projections est perpendiculaire à la trace correspondante du plan, et réciproquement.*

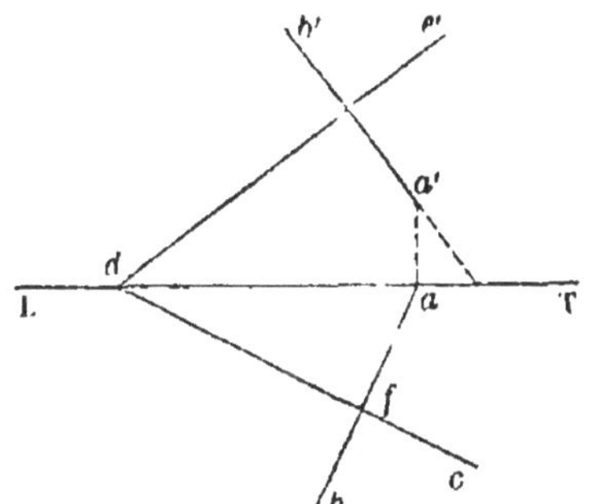

Je dis, par exemple, que la projection horizontale *ab* de la droite AB est perpendiculaire à la trace horizontale *cd* du plan. En effet, le plan horizontal de projection et le plan donné étant perpendiculaires, l'un et l'autre, au plan AB*ab* qui projette horizontalement la droite AB, leur intersection *cd* est perpendiculaire au plan AB*ab* et, par suite, à la droite *ab* qui passe par son pied *f* dans ce plan.

Réciproquement, *si les projections d'une ligne droite* AB *sont perpendiculaires aux traces correspondantes d'un plan* cde', *non parallèle à la ligne de terre, cette droite est perpendiculaire au plan.*

La trace horizontale *cd* du plan *cde'* est perpendiculaire au plan AB*ba* qui projette horizontalement la droite AB, puisqu'elle est perpendiculaire par hypothèse à la trace horizontale *ab* de ce plan. Pour une raison semblable, la trace verticale *de'* du plan *cde'* est perpendiculaire au plan AB*b'a'*, projetant verticalement la droite AB; donc le plan *cde'* est perpendiculaire aux deux plans AB*ba*, AB*b'a'* et, par suite, à leur intersection AB.

Remarque. La démonstration de cette réciproque suppose que les deux plans AB*ab*, AB*a'b'*, projetant la droite AB, ne coïncident pas : ce qui n'a lieu qu'autant que le plan donné *cde'* n'est pas parallèle à la ligne de terre. Dans l'hypothèse contraire, la droite AB est perpendiculaire à la ligne de terre et n'est plus déterminée par ses projections qui se confondent.

PROBLÈME I

Mener par un point une perpendiculaire sur un plan, et déterminer la distance du point au plan.

Soient *o*, *o'* les projections du point et *ba*, *bc'* les traces du plan; j'abaisse du point *o* la perpendiculaire *od* sur la trace horizontale *ab* du plan et du point *o'* la perpendiculaire *o'd'* sur sa trace verticale; les droites *od*, *o'd'* sont les projections de la perpendiculaire abaissée du point O sur le plan *abc'* (I.) Pour déterminer la distance du point O à ce plan, je cherche les projections du pied de la perpendiculaire OD, c'est-à-dire les projections du point d'intersection G de cette droite et du plan, et je construis ensuite la longueur de la droite OG, en faisant tourner cette droite autour de la verticale *o*O, jusqu'à ce qu'elle soit parallèle au plan vertical; sa projection verticale $o'g'_1$ représente alors la distance du point O au plan donné *abc'*.

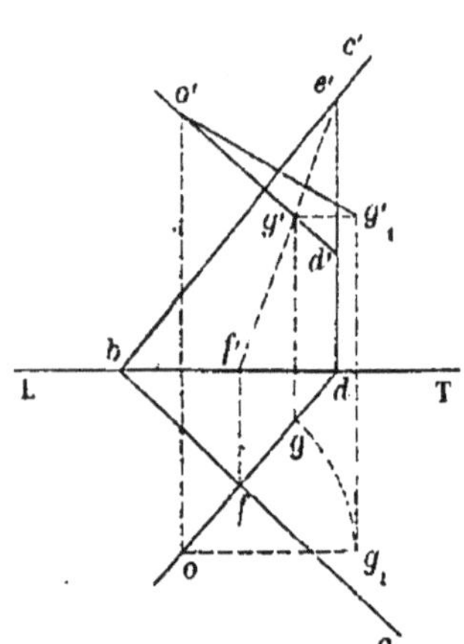

Remarque I. Cette construction est en défaut lorsque le plan donné est parallèle à la ligne de terre; car, ses traces étant alors parallèles à LT, les projections de la perpendiculaire abaissée du point donné sur le plan se confondent.

Soient, par exemple, *ab* et *c'd'* les traces d'un plan parallèle à la ligne de terre; les projections de la perpendiculaire, abaissée du point O sur ce plan, coïncident avec la droite *oo'* qui est perpendiculaire sur LT et par suite sur les traces *ab*, *c'd'* du plan (I.) Pour trouver le pied P de cette perpendiculaire et sa longueur OP, je rabats sur le plan horizontal de projection le plan *ogo'* qui projette horizontalement cette droite, en le faisant tourner sur sa trace horizontale *og* comme axe. Soit o_1 la position du point O après le rabattement, et ef'_1 celle de l'intersection du plan donné et du plan *ogo'*; j'abaisse du point o_1 la perpendiculaire o_1p_1 sur la droite ef'_1. Le point p_1 et la droite o_1p_1 représentent le pied et la longueur de la perpendiculaire abaissée du point O sur le plan donné (*ab*, *c'd'*), rabattus sur le plan horizontal. On en déduit facilement les projections p, p' du point p_1.

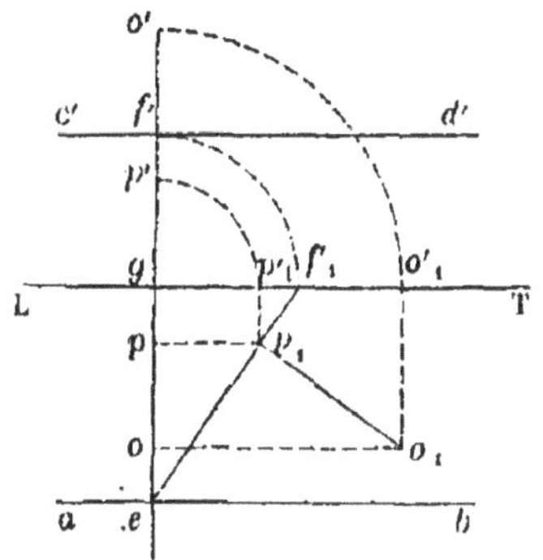

Remarque II. Lorsque le plan est déterminé par trois points, on pourrait construire ses traces et achever comme ci-dessus la solution du problème; mais il est plus simple de construire une horizontale et une verticale quelconque de ce plan. Ces droites suffiront pour tracer les projections de la perpendiculaire abaissée du point donné *O* sur le plan. On cherchera ensuite, par la méthode précédemment donnée (7, VIII), le point d'intersection de cette droite et du plan, et sa distance au point O.

PROBLÈME II

Mener par une droite donnée un plan perpendiculaire à un plan donné.

D'un point quelconque de la droite abaissez une perpendiculaire sur le plan donné, et faites passer un plan par cette perpendiculaire et la droite donnée.

PROBLÈME III

Construire la plus courte distance de deux plans parallèles.

Cherchez la plus courte distance d'un point quelconque de l'un des deux plans donnés à l'autre plan (I).

PROBLÈME IV

Déterminer la plus courte distance d'un plan et d'une droite parallèles.

Cherchez la plus courte distance d'un point quelconque de la droite au plan (I).

PROBLÈME V

Mener par un point un plan perpendiculaire à une droite.

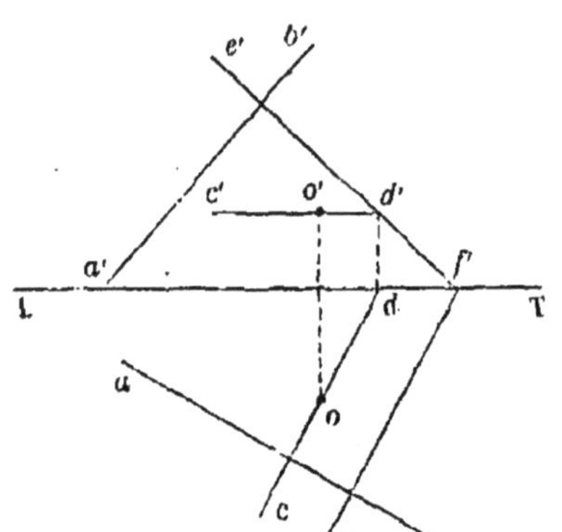

Soient AB la droite et O le point donnés; les traces du plan perpendiculaire à la droite AB, mené par le point O, devant être perpendiculaires aux projections correspondantes de AB (I), il suffit de trouver un point de chacune de ces traces pour les construire.

Pour cela, je mène par le point O la parallèle OC à la trace horizontale du plan demandé; cette droite qui est une horizontale du plan, a sa projection verticale $o'c'$ parallèle à la ligne de terre (5, III) et sa projection horizontale oc perpendiculaire à la projection horizontale ab de AB (I.) Je construis ensuite la trace verticale d' de la droite OC; comme la trace verticale du plan cherché doit passer par ce point (5, III), j'abaisse du point d' la perpendiculaire $d'e'$ sur la projection verticale $a'b'$ de AB, et du point f' où la droite $d'e'$ rencontre la ligne de terre, la perpendiculaire $f'g$ sur ab. Les deux droites $f'e'$, $f'g$ sont les traces du plan perpendiculaire à la droite AB et passant par le point O.

Remarque. La construction précédente n'est applicable que lorsque la droite donnée AB est déterminée par ses deux projections. Je suppose maintenant cette droite perpendiculaire à la ligne de terre et définie par les deux points A, B.

Les traces du plan demandé doivent être parallèles à la ligne de terre, puisqu'elles sont perpendiculaires aux projections correspondantes de la droite AB. Pour déterminer un point de chacune de ces traces, je mène par le point donné O une parallèle à la ligne de terre; cette droite, qui est une horizontale du plan cherché, rencontre au point R le plan $a'ab$ qui projette horizontalement la droite AB, et l'intersection de ces deux plans est la perpendiculaire abaissée du point R sur la droite AB. Pour construire cette perpendiculaire, je rabats le plan $a'ab$ sur le plan horizontal, en le faisant tourner sur sa trace horizontale ab comme axe. Soient a_1b_1 et r_1 les positions que prennent alors la droite AB et le point R; j'abaisse du point r_1 la perpendiculaire cd'_1 sur la droite a_1b_1. Je relève ensuite la droite cd'_1 pour déterminer ses traces c, d', et je mène par ces deux points les droites gh, $e'f'$ parallèles à la ligne de terre. Ces droites sont les traces d'un plan passant par le point O et perpendiculaire à la droite AB.

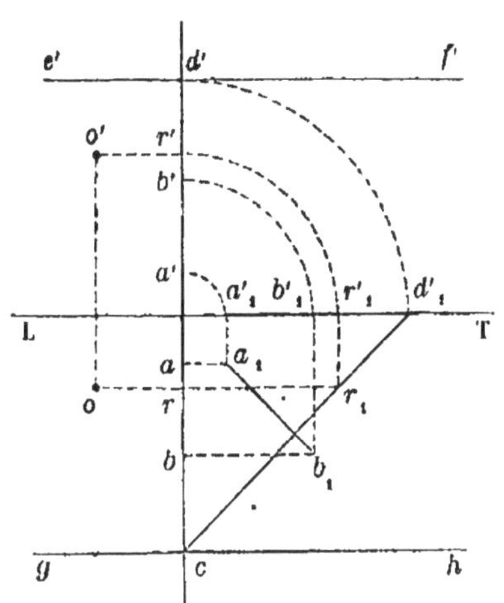

PROBLÈME VI

Mener par un point donné O *une perpendiculaire sur une droite donnée* AB, *et construire la distance du point à la droite.*

Je mène par le point O un plan perpendiculaire à la droite

(prob. I); je cherche ensuite le point d'intersection I de la droite et du plan (8, VI), puis je construis la distance du point I au point O (3, IV).

PROBLÈME VII

Construire la plus courte distance de deux droites parallèles.

Cherchez la plus courte distance d'un point quelconque de l'une des droites à l'autre (V).

PROBLÈME VIII

Construire les projections de la perpendiculaire commune à deux droites AB, CD, *non situées dans le même plan, et déterminer la plus courte distance de ces deux droites.*

D'un point quelconque de la droite AB, par exemple du point A, je mène la droite AE parallèle à la droite CD ; je fais passer ensuite par les deux droites AB, CD, des plans perpendiculaires au plan BAE (prob. II), puis je construis l'intersection MN de ces deux plans (3, IV). Cette droite est perpendiculaire au plan BAE et, par suite, aux deux droites données. Pour achever le problème, il suffit de construire la distance des deux points où la droite MN rencontre AB et CD.

ONZIÈME LEÇON

PROGRAMME. — Angle de deux droites. — Angle d'une droite et d'un plan. — Angle de deux plans.

PROBLÈME I

Construire l'angle de deux droites.

Soient AB et AC les deux droites données, qui se rencontrent au point A ; je remarque d'abord que si ces droites étaient parallèles à l'un des plans de projection, par exemple au plan horizontal, leur angle se projetterait en vraie grandeur sur le plan horizontal, c'est-à-dire qu'il serait égal à l'angle formé par les projections horizontales *ab*, *ac* des deux droites AB, AC (E, 3, XI).

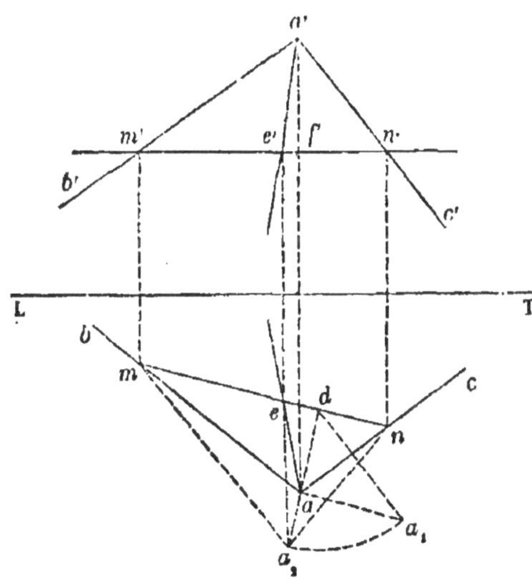

Je suppose en second lieu que ces droites aient des positions quelconques par rapport aux plans de projection, et je coupe le plan de l'angle BAC par un plan horizontal quelconque. Ce plan auxiliaire, dont la trace verticale *m'n'* est parallèle à la ligne de terre, rencontre la droite AB au point M, la droite AC au point N et, par suite, le plan BAC suivant la droite MN.

Cela posé, je rabats le plan de l'angle BAC sur le plan horizontal *m'n'*, en le faisant tourner sur la droite MN comme axe. Dans ce mouvement le sommet A de l'angle décrit un arc de cercle dont le plan est perpendiculaire à l'axe MN; par conséquent, si j'abaisse du point *a* la perpendiculaire *ad* sur *mn*, cette droite sera la trace horizontale du plan de l'arc de cercle (10, I), qui coupe l'axe MN au point D. Le point A, après le rabattement, se projettera dès lors sur la droite *da*, à une distance da_2 du point *d* égale au rayon DA.

On pourrait construire la longueur de ce rayon, c'est-à-dire la distance du point A au point D, par l'une des deux méthodes précédemment données (2, III); mais il est plus simple d'opérer de la manière suivante : Je désigne par F le point où la droite A*a* perce le plan horizontal *m'n'*, et je remarque ensuite que la droite AD est l'hypoténuse d'un triangle rectangle ADF, dont les deux autres côtés FD, FA se projettent en vraie grandeur, l'un sur le plan vertical et l'autre sur le plan horizontal. De là résulte cette construction : J'élève par le point *a*, sur la projection horizontale *ad* de la droite FD, et dans le plan horizontal, la perpendiculaire aa_1, que je prends égale à la projection verticale *a'f'* de AF, et je tire la droite da_1, qui représente la distance du point D au point A. Je porte ensuite, sur la droite *da*, la longueur da_2 égale à da_1, et le point a_2 est la projection horizontale du point A après le rabattement. Or, les projections horizontales *m* et *n* des deux points M et N où les côtés de l'angle BAC coupent l'axe MN n'ont pas changé pendant la rotation ; donc les deux droites ma_2, na_2 sont les projections horizontales des côtés AB, AC, de l'angle BAC rabattu sur le plan horizontal *m'n'*, et l'angle ma_2n est égal à l'angle BAC.

Remarque I. La construction précédente serait encore applicable si l'une des deux droites données, par exemple AC, était parallèle au plan horizontal; mais la droite MN serait parallèle à AC, et le point N situé à l'infini.

Remarque II. Si les traces horizontales des deux droites données AB, AC sont dans les limites de l'épure, on peut prendre le plan horizontal de projection pour le plan auxiliaire ; la droite MN se confond alors avec la trace horizontale du plan de l'angle BAC.

Remarque III. Lorsque les deux droites données ne se coupent pas, on mène par un point quelconque des parallèles à ces droites et l'on construit ensuite l'angle des deux parallèles.

PROBLÈME II

Construire la bissectrice de l'angle de deux droites AB, AC *qui se rencontrent.*

La bissectrice de l'angle BAC devant passer par le sommet A de cet angle, il suffit de trouver un autre point de cette droite pour qu'on puisse la tracer.

Cela posé, je mène dans le plan BAC une droite quelconque MN, parallèle au plan horizontal de projection, et, pour construire les projections du point E, où cette droite rencontre la bissectrice de l'angle BAC, je ramène le plan de cet angle à être horizontal, en le faisant tourner sur la droite MN comme axe ; soit alors ma_2n la projection

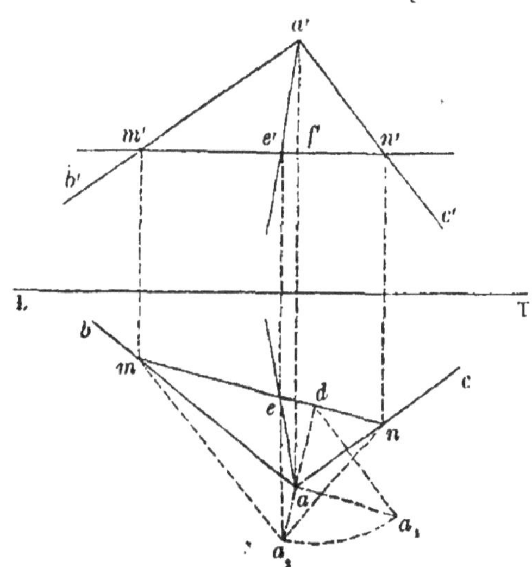

horizontale de l'angle ABC, construite d'après le problème précédent (I). Je trace la bissectrice a_2e de l'angle ma_2n ; cette droite coupe la projection horizontale mn de l'axe au point e, projection horizontale du point E. J'obtiens ensuite la projection verticale e' de ce point, en abaissant du point e une perpendiculaire sur la ligne de terre et la prolongeant jusqu'à la rencontre de la droite $m'n'$; les droites ae, $a'e'$ sont, par suite, les projections de la bissectrice de l'angle BAC.

PROBLÈME III

Construire l'angle d'une droite et d'un plan.

Soient AB la droite et MN le plan donnés ; l'angle de la droite et du plan n'est autre que l'angle formé par la droite AB et sa projection BC sur le plan (E, 6, V). Pour le construire, j'abaisse d'un point quelconque de AB, par exemple du point A, la perpendiculaire AC sur le plan ; je construis ensuite l'angle des deux droites AB, AC (I), et j'en prends le complément qui est égal à l'angle de la droite AB et du plan MN.

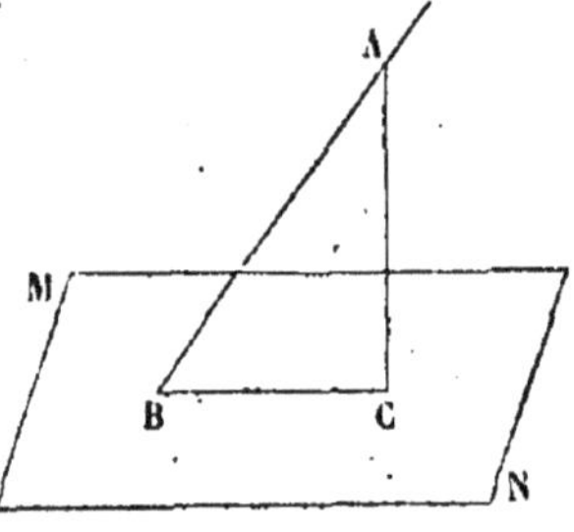

PROBLÈME IV

Construire l'angle de deux plans.

1re *Solution.* D'un point quelconque j'abaisse une perpendiculaire sur chacun des deux plans, et je construis ensuite l'angle de ces deux droites. Cet angle est égal à l'un des angles plans correspondant aux angles dièdres formés par les deux plans donnés.

Cette solution est toujours applicable, quelles que soient les données qui déterminent les deux plans.

2e *Solution.* Lorsqu'on connaît les traces des deux plans, on peut encore résoudre le problème proposé de la manière suivante :

On coupe les deux plans donnés par un plan perpendiculaire à leur intersection, et l'on construit ensuite l'angle des deux droites suivant lesquelles ce troisième plan rencontre les deux autres ; car cet angle n'est autre que l'angle plan correspondant à l'angle dièdre formé par les deux plans donnés, puisque ses côtés sont perpendiculaires à l'arête de l'angle dièdre (E, 5, V).

Soient *bc*, *ba'* les traces de l'un des deux plans donnés et *dc*, *da'* celles de l'autre; pour effectuer la construction précédemment indiquée, je détermine d'abord la projection horizontale *ac* de l'intersection des deux plans *cba'*, *cda'*; j'élève ensuite sur la droite *ac*, dans le plan horizontal, une perpendiculaire quelconque *mn*, que je considère comme la trace horizontale d'un plan perpendiculaire à la droite AC (10, I). La droite *mn* rencontrant les traces horizontales *cb*, *cd* des plans donnés aux points *m* et *n*, si je désigne par la lettre O le point où le plan auxiliaire coupe l'arête AC de l'angle dièdre qu'il s'agit de construire, les droites O*m*, O*n* seront les côtés de l'angle plan correspondant à cet angle dièdre (E, 5, V).

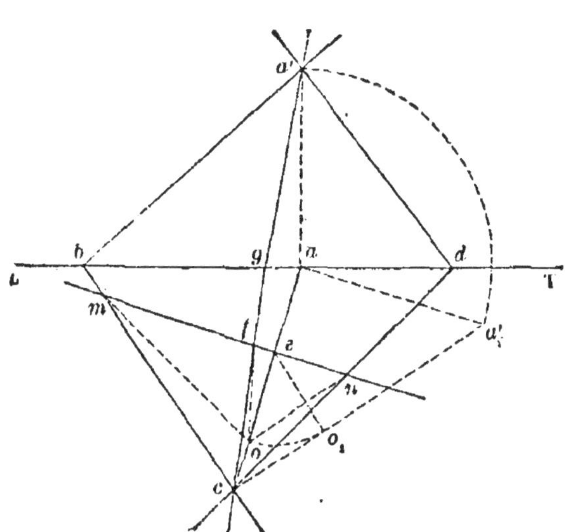

Cela posé, je rabats le plan *m*O*n* sur le plan horizontal, en le faisant tourner sur sa trace horizontale comme axe. Dans cette rotation le point O décrit autour de la droite *mn* un arc de cercle dont le plan est perpendiculaire à cette droite, et coïncide dès lors avec le plan *caa'* qui projette horizontalement la droite AC; après le rabattement, le point O se trouve donc sur la trace horizontale *ac* du plan *caa'*, à une distance de l'axe égale au rayon du cercle qu'il décrit et qui a son centre au point d'intersection *e* des deux droites *ac* et *mn*. Pour construire la longueur de ce rayon *e*O, qui est perpendiculaire à l'arête AC de l'angle dièdre, je rabats le triangle rectangle *caa'* sur le plan horizontal, en le faisant tourner autour de son côté *ca*, et j'abaisse du point *e*, sur l'hypoténuse rabattue ca'_1, la perpendiculaire eo_1 qui est égale au rayon *e*O; je prends ensuite sur *ac* la longueur *eo* égale à eo_1, et je tire les droites *om*, *on*. L'angle *mon* n'est autre que l'angle *mOn* rabattu sur le plan horizontal, puisque les deux points *m* et *n* sont restés fixes pendant la rotation; il mesure donc l'angle des deux plans donnés.

PROBLÈME V

Construire le plan bissecteur de l'angle de deux plans.

Soient *cba'* et *cda'* les deux plans donnés; je les coupe par un plan perpendiculaire à leur intersection AC; je rabats ensuite ce plan sur le plan horizontal en le faisant tourner autour de sa trace horizontale *mn*, et je construis, d'après la seconde solution du problème précédent, l'angle plan *mon*, suivant lequel le plan auxiliaire coupe l'angle dièdre formé par les deux plans donnés. Le plan bissecteur de cet angle dièdre divise en deux parties égales l'angle *mon*; il rencontre donc l'axe de rotation *mn* au même point que la bissectrice de l'angle *mon*. Je tire dès lors cette droite qui coupe la droite *mn* au point *f*, et je fais passer par ce point et la droite AC un plan qui n'est autre que le plan bissecteur de l'angle des deux plans donnés; il a pour trace horizontale la droite *cf* qui rencontre la ligne de terre au point *g*, et pour trace verticale la droite *ga'*.

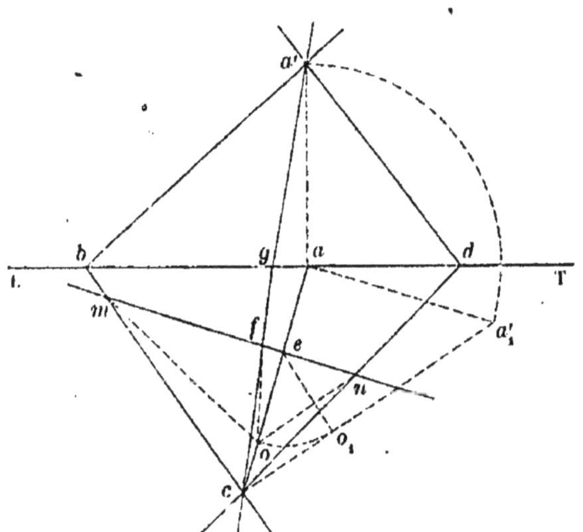

Exercices.

1. Construire l'angle qu'une droite donnée fait avec la ligne de terre.

2. Construire l'angle qu'un plan donné fait avec la ligne de terre.

3. Tracer par le point d'intersection de deux droites une droite qui fasse avec ces lignes des angles donnés.

4. Tracer une droite qui rencontre deux droites, non situées dans le même plan, et fasse avec chacune d'elles un angle donné.

5. Les traces horizontales de deux plans qui se rencontrent, et les angles que l'intersection de ces plans fait avec leurs traces horizontales étant donnés, construire les traces verticales de ces plans.

6. Mener par une droite un plan faisant avec le plan horizontal un angle donné.

7. Mener par une droite un plan faisant avec un plan donné un angle donné.

Cas particulier dans lequel la droite se trouve dans le plan donné.

8. Mener par un point donné une droite faisant un angle donné avec une droite donnée.

9. Mener par un point donné un plan faisant avec chacun des deux plans des projections un angle donné.

DOUZIÈME LEÇON

PROGRAMME. — Projections d'un cube, d'une pyramide, exécutées sur des objets réels. — Projections d'un cylindre à base circulaire.

---

1. Le corps dont on demande les projections peut ne pas exister et n'être qu'en projet, ou bien il est déjà construit. Dans le premier cas, on prend à volonté, ou d'après certaines données, les lignes et les angles nécessaires à la construction de l'épure; dans le second cas, on commence par mesurer ces lignes et ces angles sur le corps même. Je supposerai désormais ces grandeurs connues, quelle que soit la manière dont on les ait obtenues.

2. Pour concevoir la forme d'un corps d'après ses projections, il faut supposer qu'on soit placé devant le plan vertical, ou au-dessus du plan horizontal, selon que la projection qu'on regarde est verticale ou horizontale, et considérer cette projection comme la perspective du corps vu à une distance infinie du plan de projection. Cette convention étant admise, on trace en lignes pleines et continues les projections des arêtes du corps situées sur la partie antérieure de sa surface, et en points ronds les projections des arêtes qui se trouvent sur la partie postérieure de cette surface, parce que les premières sont visibles et les secondes cachées par le corps lui-même.

La ligne de séparation des deux parties antérieure et postérieure de la surface d'un corps est appelée son *contour apparent*. Ce contour apparent varie évidemment avec la position du plan sur lequel on projette le corps. Les projections des lignes qui forment le contour apparent déterminent sur chaque plan de projection un polygone fermé, convexe ou concave, à l'intérieur duquel le corps se projette.

3. Pour construire les projections d'un polyèdre sur deux plans rectangulaires, on projette d'abord tous ses sommets ; puis on trace les projections de ses arêtes, afin qu'il soit possible de distinguer, à la vue de l'épure, les arêtes des diagonales, et de reconnaître, par suite, les faces du polyèdre.

PROBLÈME I

Construire les projections d'un cube.

Soit ABCDEFGH un cube dont le côté AB égale 2 mètres ; je le suppose placé sur le plan horizontal de projection, et je vais en construire les projections à l'échelle de $\frac{1}{200}$.

Je trace sur une feuille de papier la ligne de terre LT et le carré *abcd* dont le côté *ab* égale 0^m, 01 ; je considère ce carré comme la projection horizontale de la base inférieure ABCD du cube, et je dis que la base supérieure EFGH a la même projection. En effet, le sommet E se projette horizontalement au point *a*, puisque l'arête AE est perpendiculaire au plan horizontal; pareillement les points *b*, *c*, *d* sont les projections respectives des sommets F, G, H. Il est évident que les faces latérales ABFE, BCGF,... du cube ont pour projections horizontales les côtés *ab*, *bc*,... du carré *abcd;* par conséquent, ce carré est toute la projection horizontale du cube.

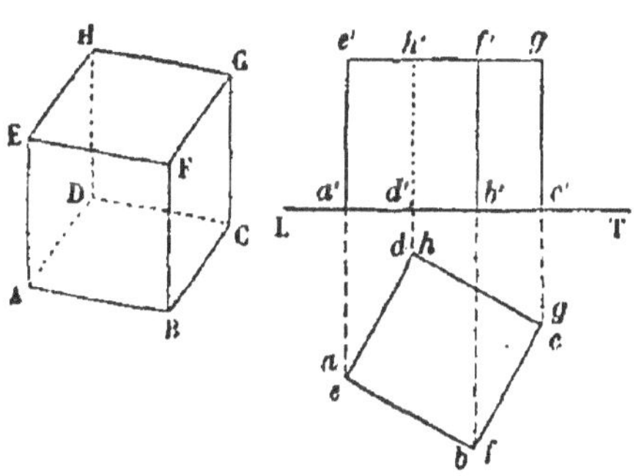

Pour avoir sa projection verticale, j'abaisse de tous les sommets du carré *abcd* des perpendiculaires sur la ligne de terre. Soient *a'*, *b'*, *c'*, *d'*, les pieds de ces perpendiculaires ; la droite *a' c'* est la projection verticale de la base inférieure du cube. L'arête AE, qui est perpendiculaire au plan horizontal et, par suite, parallèle au plan vertical, se projette en vraie grandeur sur ce dernier plan ; j'aurai dès lors sa projection verticale en prolongeant la ligne *aa'* d'une longueur *a'e'* égale au côté *ab* du cube. J'obtiendrai de même les projections verticales *b'f'*, *c'g'*, *d'h'*, des arêtes BF, CG, DH; les points *e'*, *f'*, *g'*, *h'*, se trouvent sur une même droite parallèle à la ligne de terre, puisque le plan EFGH est parallèle au plan horizontal de projection. Il résulte de cette construction que les faces antérieures ABFE, BCGF du cube ont pour projections verticales les rectangles *a'b'f'e'*, *b'c'g'f'* et que les faces postérieures CDHG, DAEH sont représentées par les rectangles *c'd'h'g*, *d'a'e'h'*; l'arête DH étant située derrière le cube, sa projection verticale *d'h'* doit être tracée en points ronds.

Remarque. La forme de la projection verticale du cube dépend de la position de ce corps par rapport au plan vertical. Si on le plaçait de manière que l'une de ces faces fût parallèle au plan vertical, sa projection verticale serait un carré, comme sa projection horizontale.

PROBLÈME II

La base d'un prisme, la longueur de l'une de ses arêtes latérales et les angles que cette droite fait avec les côtés de la base qu'elle rencontre, étant donnés, construire les projections du prisme et le développement de sa surface.

Soient (pl. I[1], *fig.* 1) ABCDE la base inférieure du prisme proposé, et BAF, EAG, les angles que l'arête donnée AM fait avec les côtés AB, AE de la base. Les faces BAF, BAE, EAG de l'angle trièdre ABEM étant connues, je vais construire la projection et l'inclinaison de l'arête AM sur la face opposée BAE, que je prends pour plan horizontal de projection. Je suppose que la droite AF tourne autour de l'arête AB et la droite AG autour de l'arête AE jusqu'à ce qu'elles coïncident avec l'arête AM. Dans ce double mouvement, deux points quelconques F et G, pris sur les droites AF, AG, à la même distance du sommet A, viennent se réunir en un point H de l'a-

[1] Planche I, figure 1, à la fin du volume.

rête AM, en décrivant des circonférences dont les plans sont respectivement perpendiculaires aux axes de rotation AB, AE. Par conséquent, si je mène du point F la droite A*h* perpendiculaire à AB, et du point G la droite G*h* perpendiculaire à AE, ces lignes seront les traces des plans des deux circonférences sur le plan horizontal ABE, et leur intersection *h* sera la projection du point H sur le même plan; donc la droite A*h* est la projection horizontale de l'arête AM.

Pour déterminer l'inclinaison de la droite AM sur le plan horizontal, c'est-à-dire l'angle que cette droite fait avec sa projection A*h*, il suffit de construire le triangle rectangle AH*h* dans lequel l'hypoténuse AH et le côté A*h* sont connus. Pour cela, j'élève par le point *h*, sur A*h* et dans le plan horizontal, la perpendiculaire *hk* qui rencontre au point *k* la circonférence décrite du point A comme centre avec le rayon AF; la droite A*k* fait avec A*a* l'angle cherché, car les triangles rectangles A*kh*, AH*h* sont égaux. Je choisis ensuite le plan vertical parallèle à la droite AM, c'est-à-dire que je trace la ligne de terre LT parallèle à la projection horizontale *ah* de AM. Il résulte de là que les arêtes latérales du prisme se projetteront en vraie grandeur sur le plan vertical, ainsi que l'angle constant *h*A*k* qu'elles font avec le plan de la base ABCDE.

Cela posé, pour construire les projections d'une arête latérale quelconque BN, je projette le sommet B sur le plan vertical, puis je trace la droite *b'n'* parallèle à la direction A*k* et égale à l'arête donnée AM; cette droite *b'n'* est la projection verticale de BN. Je détermine ensuite sa projection horizontale, en menant la droite B*n*, parallèle à la ligne de terre, jusqu'à la rencontre de la perpendiculaire abaissée du point *n'* sur LT. Cette construction, appliquée aux autres arêtes latérales du prisme, fait connaître aussi les projections des sommets de la base supérieure de ce polyèdre. Il faut remarquer que les projections verticales *m'*, *n'*, *o'*, *p'*, *r'*, de ces points se trouvent sur une même droite, parallèle à la ligne de terre, qui n'est autre que la trace verticale du plan de la base supérieure du prisme.

Je vais développer maintenant la surface du prisme sur le

plan vertical, c'est-à-dire construire sur ce plan les différentes faces de ce polyèdre, en les juxtaposant dans l'ordre de leur liaison. Pour cela, je coupe le prisme par un plan perpendiculaire à ses arêtes latérales et, par suite, au plan vertical de projection ; soit L_1T_1 sa trace verticale que je prends, d'après l'hypothèse, perpendiculaire à la projection verticale $a'm'$ de l'arête AM. Je rabats ensuite ce plan sur le plan vertical en le faisant tourner sur la droite L_1T_1 comme axe. Pendant cette rotation, le point où l'arête AM du prisme perce le plan auxiliaire décrit un arc de cercle dont le plan est perpendiculaire à L_1T_1 et a pour trace verticale la projection verticale $a'm'$ de cette arête ; ce point vient se rabattre en a_1, sur le prolongement de la droite $a'm'$, à une distance de L_1T_1 égale à la distance Aa' de l'arête AM au plan vertical de projection. On obtient de même les positions b_1, c_1, d_1, e_1, que les points d'intersection du plan L_1T_1 et des autres arêtes latérales du prisme prennent après le rabattement. Ces points sont les sommets de la section droite faite dans ce polyèdre par le nouveau plan horizontal, de sorte que les côtés du polygone $a_1b_1c_1d_1e_1$ représentent les hauteurs respectives des parallélogrammes qui composent la surface latérale du prisme. Pour construire ces parallélogrammes sur le plan vertical, je porte tous les côtés de la section droite $a_1b_1c_1d_1e_1$, à la suite les uns des autres sur la ligne L_1T_1, à partir d'un point quelconque α_1 ; je trace ensuite par chacun des points α_1, β_1, γ_1,... une perpendiculaire à la droite L_1T_1, jusqu'à la rencontre des parallèles à L_1T_1, menées par les extrémités de la projection verticale de l'arête correspondant à ce point.

Cette construction donne le développement de la surface latérale du prisme, car le parallélogramme $\alpha\beta\nu\mu$ est évidemment égal à la face ABNM, etc. Les deux polygones $\alpha'\beta'\gamma\delta\varepsilon'$ et $\mu'\nu'o\pi\rho'$ qui sont égaux aux bases du prisme, complètent le développement de sa surface.

Remarque. La ligne AB*nop*DEA par rapport au plan horizontal est la projection horizontale du contour apparent du prisme a', et la ligne $a'c'o'm'a'$ est la projection verticale de son contour apparent par rapport au plan vertical.

PROBLÈME III

La base d'une pyramide, la longueur de l'une des arêtes latérales et les angles que cette droite fait avec les côtés de la base qu'elle rencontre, étant donnés, construire les projections de cette pyramide et le développement de sa surface.

Soient (pl. I, *fig.* 2) ABCDE la base de la pyramide, et BAF, EAG, les angles que l'arête donnée AS fait avec les côtés AB, AE de la base. Je détermine, comme dans le problème précédent, la projection A*h* et l'inclinaison *h*A*k* de l'arête AS sur le plan BAE, que je prends pour plan horizontal, et je trace la ligne de terre parallèle à A*h* ; le plan vertical est par suite parallèle à l'arête AS. Cela posé, je projette le sommet A sur le plan vertical, puis je mène par le point *a'* la droite *a's'* parallèle à A*k* et égale à la longueur donnée de l'arête AS. Le sommet S de la pyramide a pour projection verticale le point *s'*, et pour projection horizontale l'intersection de la perpendiculaire *s's* et de la parallèle A*s* à la ligne de terre. En joignant le point *s* aux sommets de la base ABCDE et le point *s'* aux projections verticales de ces sommets, je détermine les projections horizontale et verticale de la pyramide.

Pour développer la surface de ce polyèdre sur le plan vertical, je détermine d'abord la longueur de chacune des arêtes latérales, en les ramenant à être parallèles au plan vertical, par une rotation effectuée autour de la verticale du sommet S, puis je construis les triangles $s'\alpha\beta$, $s'\beta\gamma$, etc., et le polygone $\alpha'\beta'\gamma\delta\varepsilon'$, respectivement égaux aux faces latérales SAB, SBC, etc., et à la base ABCDE de la pyramide.

PROBLÈME IV

Construire les projections d'un cylindre vertical ou incliné.

1° Si le cylindre est circulaire et droit, il est déterminé par sa hauteur et le rayon de sa base. Pour en construire les projections, je le suppose placé sur le plan horizontal, et je décris sur ce plan la circonférence *ca* avec le rayon donné, réduit à une certaine échelle. Cette circonférence représente la projection horizontale de la surface convexe du cylindre, puisque dans toutes ses positions la génératrice de cette surface est perpendiculaire au plan horizontal. Les bases du cylindre ont dès lors pour projections horizontales le cercle *ca* lui-même.

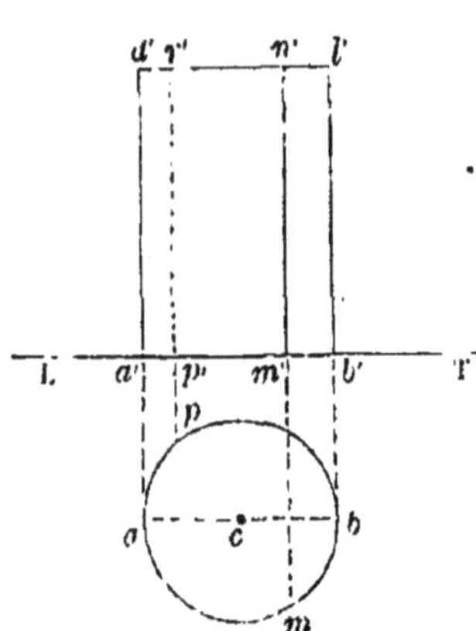

Des extrémités *a* et *b* du diamètre parallèle à la ligne de terre je trace les perpendiculaires *aa'*, *bb'*, sur cette ligne ; je prends ensuite les longueurs *a'd'*, *b'l'*, égales à la hauteur du cylindre, et je dis que le rectangle *a'd'l'b'* est la projection verticale de ce corps. En effet, il est évident 1° que les droites *a'd'*, *b'l'* sont les projections verticales des génératrices de la surface cylindrique qui ont les points *a* et *b* pour traces horizontales; 2° que les plans *aa'd'*, *bb'l'*, qui projettent verticalement ces deux génératrices, comprennent entre eux tout le cylindre; car ils sont tangents à sa surface et parallèles l'un à l'autre. Par conséquent, les deux droites *a'd'*, *b'l'* font partie de la projection verticale du contour apparent ; il en est de même des lignes *a'b'*, *d'l'*, qui sont les projections des deux bases du cylindre.

Il faut remarquer que la partie visible du cylindre projeté sur le plan vertical correspond à la demi-conférence *amb*, et la partie cachée à la demi-conférence *apb*. Donc, si l'on considère les deux génératrices dont les traces horizontales sont *m* et *p*, la projection verticale de la première doit être tracée en ligne pleine, et celle de la seconde en points ronds.

2° Je considère un cylindre circulaire dont la surface convexe soit engendrée par une ligne droite oblique à la base, et je suppose connus le rayon de la base, la longueur de la génératrice, ainsi que l'inclinaison de cette droite sur la base même. Pour construire les projections de ce cylindre, je le place sur le plan horizontal et je le tourne de manière que ses génératrices soient parallèles au plan vertical. Dans cette position, la base inférieure est représentée par le cercle *ca* décrit avec le rayon donné, réduit à une certaine échelle. Ce cercle a pour projection verticale la portion *a'b'* de la ligne de terre comprise entre les tangentes *aa'*, *bb'* qui sont perpendiculaires à LT. Les génératrices de la surface convexe du cylindre, menées par les points de contact *a* et *b*, ont pour projection horizontale la même droite *ab*; car elles sont parallèles au plan vertical de projection, et la droite *ab*, qui joint leurs traces horizontales, est elle-même parallèle à la ligne de terre. Quant à leurs projections verticales, je les obtiens en menant, par les points *a'* et *b'*, les droites *a'd'*, *b'e'*, qui font avec la ligne de terre les angles *d'a'*T, *e'b'*T, égaux à l'inclinaison de ces génératrices sur le plan horizontal, et prenant sur ces lignes les longueurs *a'd'*, *b'e'*, égales à celle d'une génératrice. Le périmètre du parallélogramme *a'd'e'b'* est la projection verticale du contour apparent du cylindre par rapport au plan vertical; car, tout point de la base se projetant verticalement sur la droite *a'b'*, la projection verticale d'une génératrice quelconque est comprise par cela même entre les deux droites *a'd'*, *b'e'*.

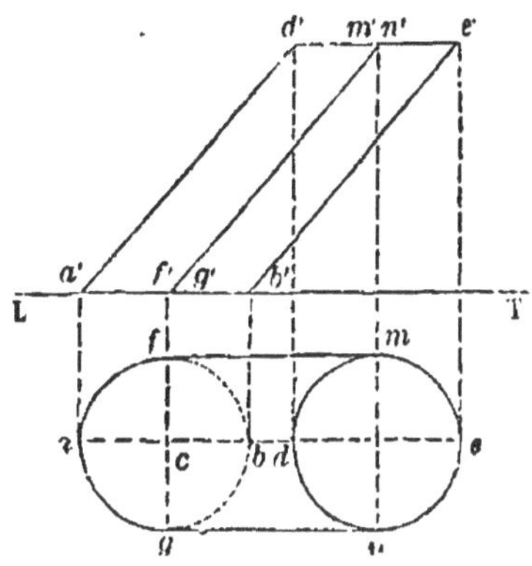

Pour avoir la projection horizontale du cylindre, je mène par les points *d'* et *e'* des perpendiculaires sur la ligne de terre, et je les prolonge jusqu'à leur rencontre avec la droite *ab*; soient *d* et *e* ces intersections. Je décris un cercle sur *de* comme diamètre; la base supérieure du cylindre, qui est parallèle au plan horizontal, se projette horizontalement sur ce cercle. Les droites *fm*, *gn*, qui touchent extérieurement les deux circonférences *ab*, *de*, représentent les projections horizontales de la génératrice la plus rapprochée du plan vertical et de celle qui en est la plus éloignée. Ces droites forment dès lors, avec les deux demi-circonférences *fag*, *men*, la projection horizontale du contour apparent du cylindre par rapport au plan horizontal.

Il est évident que les demi-circonférences *agb*, *fag*, correspondent aux parties visibles du cylindre, selon que l'on considère sa projection sur le plan vertical ou sur le plan horizontal.

Exercices.

1. Construire les projections des cinq polyèdres réguliers et les développements de leurs surfaces.

2. La position du plan et la grandeur du côté d'un triangle équilatéral, d'un carré ou d'un hexagone régulier étant données, construire les projections de ce polygone.

3. Construire les projections d'un tronc de pyramide triangulaire à bases parallèles, en plaçant sa grande base sur le plan horizontal.

On décomposera ensuite ce tronc en trois pyramides triangulaires qu'on transportera parallèlement à elles-mêmes et aux plans de projections à des distances différentes du tronc; puis on construira les projections de ces pyramides aussi séparées.

4. Construire les projections d'un prisme triangulaire, en sachant que sa base, la longueur de ses arêtes latérales et leur inclinaison sur la base sont données.

5. Construire les projections d'un cône circulaire droit dont on connait le rayon de la base et de la hauteur.

6. Construire les projections d'une sphère dont le rayon est donné.

7. Construire, à l'échelle de $\frac{1}{100}$, les projections d'une pyramide régulière à base carrée, placée sur un socle qui a la forme d'un parallélipipède droit et dont la base est aussi un carré, en sachant que le côté de la base de la pyramide a $2^m,42$ de longueur, celui de la base du parallélipipède $2^m,50$, et que les hauteurs de ces deux polyèdres sont respectivement égales à $12^m,80$ et $5^m,20$. On coupera ensuite le système de

ces trois corps par un plan vertical contenant le sommet de la pyramide, et l'on construira la section déterminée par ce plan.

8. Un cylindre droit et circulaire, surmonté d'une sphère de même diamètre, est placé sur un cube de manière que les centres de la sphère et du cube se trouvent dans la direction de l'axe du cylindre; construire au centième les projections du système de ces trois corps, en sachant que la hauteur du cylindre est de 10 mètres, son diamètre de 2 mètres, et que le côté du cube a $2^{m},50$ de longueur. On mènera ensuite un plan vertical par deux arêtes opposées du cube et l'on construira la section que ce plan détermine dans les trois corps.

9. Mettre un cube en projection de manière que l'une de ses diagonales soit perpendiculaire au plan horizontal.

TREIZIÈME, QUATORZIÈME ET QUINZIÈME LEÇON

PROGRAMME. — Sections planes des polyèdres et leur pénétration mutuelle.

PROBLÈME I

Construire la section faite par un plan dans un polyèdre.

Je détermine d'abord les projections de la section faite dans le polyèdre par le plan donné, et je construis ensuite ce polygone, en le rabattant sur l'un des plans de projection.

La construction des projections de la section peut être faite de deux manières : 1° en cherchant les sommets de ce polygone, c'est-à-dire les points de rencontre des arêtes du polyèdre et du plan donné ; 2° en déterminant ses côtés, c'est-à-dire les lignes d'intersection du plan sécant et des faces du polyèdre.

Il faut employer le premier procédé lorsque le plan donné est perpendiculaire à l'un des plans de projection, par exemple au plan vertical, parce que les projections verticales des sommets de la section sont données immédiatement par les intersections de la trace verticale du plan sécant et les projections verticales des arêtes du polyèdre. Les projections horizontales de ces sommets sont alors déterminées ; et pour en déduire les projections de la section, il suffit de joindre par des lignes droites les projections des sommets qui, deux à deux, appartiennent à la même face du polyèdre.

Si le plan donné n'est pas perpendiculaire à l'un des plans de projection, on peut déterminer directement les projections des côtés de la section. Ce second procédé étant d'une grande utilité dans la construction de l'intersection de deux polyèdres, je vais l'appliquer à la détermination de la section de la pyramide SABCDE par le plan (FG, F'G').

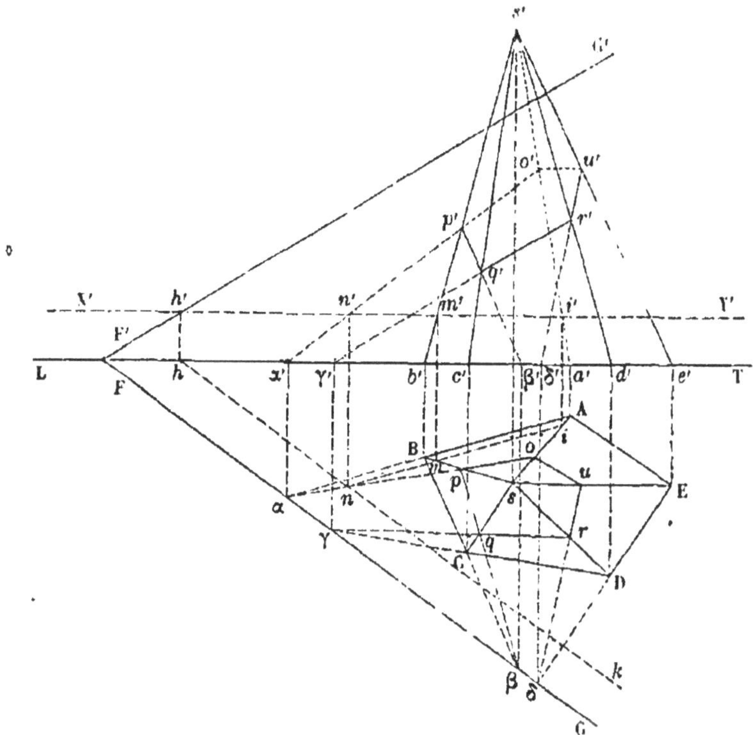

Je commence par chercher les projections de l'intersection de la face SAB et du plan donné. Leurs traces horizontales AB, FG se rencontrent au point α; pour avoir un second point de l'intersection de ces plans, je les coupe par un plan horizontal X'Y', qui rencontre la face SAB suivant la droite MI, et le plan (FG, F'G') suivant la droite HK. Par conséquent le point N où ces deux droites se croisent est commun aux trois plans, et la droite αN est l'intersection de la face SAB et du plan proposé. Donc les portions *op*, *o'p'* des projections de αN, comprises entre les projections horizontales et les projections verticales des arêtes SA, SB de la face SAB, sont les projections du côté de la section situé sur cette face du polyèdre.

Pour construire les projections de l'intersection de la face suivante SBC et du plan sécant, je fais remarquer que le sommet P de la section est un point de cette droite, et par conséquent qu'il suffit de déterminer un autre point de cette ligne, par exemple le point de rencontre 6 des traces horizontales BC, FG des plans considérés, puis de le joindre au sommet P. Les portions pq, $p'q'$ de la droite 6P, comprises entre les projections horizontales et les projections verticales des arêtes SB, SC de la face SBC, sont les projections du côté de la section situé sur cette face du polyèdre. En continuant ainsi, je construirai les projections des côtés suivants QR, RU de la section, et le dernier côté sera immédiatement déterminé par la droite menée du sommet U au premier sommet O.

PROBLÈME II

Les projections d'un polyèdre et celles d'une ligne droite étant données, construire les projections de leurs points d'intersection.

Je commence par construire les projections de la section faite dans le polyèdre par l'un des deux plans projetant la droite donnée, et je détermine ensuite les projections des points d'intersection du périmètre de cette section et de la droite. Car ces points ne sont autres que ceux dans lesquels la droite donnée rencontre la surface du polyèdre.

Remarque. Dans certains cas particuliers, cette solution peut être simplifiée, en choisissant convenablement le plan sécant, que l'on mène par la droite donnée.

Ainsi, lorsque le polyèdre donné est un prisme, il est avantageux de prendre le plan auxiliaire parallèle aux arêtes latérales du prisme, parce que la section qu'il détermine est alors un parallélogramme. — De même, si le polyèdre est une pyramide, il faut mener le plan auxiliaire par le sommet de la pyramide, car la section qu'il fait dans ce polyèdre est un triangle dont on construit facilement les projections au moyen de ses sommets.

PROBLÈME III

Construire les projections de l'intersection de deux polyèdres P et P′ *dont les projections sont données.*

Soient A et A′ deux faces quelconques des polyèdres P et P′; je commence par construire les projections de l'intersection des deux plans A et A′. Si cette droite n'a pas de point qui soit commun aux deux faces A et A′, ces faces ne se rencontrent pas; il faut alors chercher l'intersection de la face A du polyèdre P et d'une autre face B′ du polyèdre P′. Au contraire, si une portion quelconque *ab* de l'intersection des plans A et A′ est comprise à la fois dans les faces A et A′, celles-ci se coupent suivant ce segment de droite, qui est un côté de l'intersection des deux polyèdres.

Pour construire le côté suivant, qui part du sommet *b*, il faut remarquer que l'extrémité *b* de *ab* se trouve simultanément, par exemple, sur la face A et sur un côté $\alpha'\beta'$ de la face A′, de sorte que la droite cherchée est l'intersection de la face A du polyèdre P et de la face B′ du polyèdre P′, adjacente à A′ par l'arête $\alpha'\beta'$. Par conséquent, je tracerai les projections de cette droite, dont le point *b* est déjà connu, et je ne prendrai sur cette ligne que la partie commune aux deux faces A et B′, ce qui déterminera les projections d'un second côté *bc* de l'intersection des polyèdres.

En continuant ainsi, je construirai les projections du troisième côté *cd* et des côtés suivants, jusqu'à ce que je revienne au premier sommet *a*; car l'intersection de deux polyèdres qui ont des dimensions finies est une ligne polygonale fermée, ou bien elle est composée de deux lignes de ce genre, selon qu'il y a pénétration partielle ou totale de l'un des polyèdres dans l'autre.

Remarque I. Si l'on excepte le premier côté de l'intersection, dont la construction exige deux points, chacun des autres côtés est déterminé par un seul point, parce qu'il a une extrémité commune avec le côté précédent, qui est déjà construit. En appliquant cette méthode à la détermination du dernier côté, on est conduit à une vérification, car ce côté doit aboutir au premier sommet *a*.

Remarque II. En développant sur un plan les surfaces des deux polyèdres et traçant sur chacun des développements les côtés de leur intersection, on forme deux lignes polygonales qu'on appelle les *transformées* de la ligne d'intersection. Si l'on détache de chaque surface les parties circonscrites par ces transformées, les parties restantes composent la surface totale du corps formé par le système des deux polyèdres qui se coupent, de sorte qu'en les ajustant entre elles, comme l'épure l'indique, on reproduirait la surface de ce corps.

Je terminerai ce chapitre par le problème suivant, qui offre un exemple de pénétration totale.

PROBLÈME IV

1° *Construire les projections de l'intersection de deux prismes triangulaires dont l'un est droit et l'autre oblique;*

2° *Tracer les transformées de la ligne d'intersection sur les développements des surfaces de ces prismes.*

Je suppose (pl. II), pour simplifier l'épure, les bases ABC, GHI des prismes placées sur le plan horizontal de projection, et les arêtes latérales du prisme oblique GHIM parallèles au plan vertical.

Cela posé, je construis les projections de l'intersection de la face ABDE du prisme droit et de la face GHMN du prisme oblique; les points de rencontre p et q de la droite AB avec les droites Gm, Hn déterminent les projections horizontales, et, par suite, les projections verticales p', q' de deux points de l'intersection cherchée : donc la droite PQ, dont les extrémités sont à la fois sur la face ABDE du prisme droit et sur les arêtes GM, HN qui terminent la face GHMN du prisme oblique, est un côté de l'intersection de ces polyèdres. Le côté suivant, qui part du sommet Q, se trouve à la fois sur la face ABDE du prisme droit et sur la face HNOI de l'autre prisme; or, l'arête OI de cette dernière face rencontre le plan ABD au point (r, r') : donc la droite QR est le second côté cherché, et, par conséquent, la troisième face latérale GIMO du prisme oblique traverse la face ABDE du prisme droit suivant la droite RP, qui est le troisième côté de leur intersection.

Il résulte de la construction précédente que le prisme oblique pénètre dans le prisme droit par l'ouverture triangulaire PQR qu'il pratique dans la face ABDE ; il le traverse ensuite, et en sort par une autre ouverture STUVX, qu'il détermine dans les faces ACFD, BCFE. Dans cet exemple de pénétration totale, la ligne PQR est dite *ligne d'entrée*, et la ligne STU..., *ligne de sortie*. Pour construire les projections de la ligne de sortie, je remarque d'abord que, les arêtes GM, HN du prisme oblique rencontrant le plan de la face ACFD du prisme droit aux points (s, s') et (α, α'), les deux plans ACF, GHM se coupent suivant la droite $(s\alpha, s'\alpha')$, et que la partie ST de cette droite commune aux faces ACFD, GHMN est un côté de la ligne de sortie. Comme le point T se trouve sur la face GHMN et sur l'arête CF du prisme droit, je cherche, en second lieu, l'intersection des faces GHMN et BCFD ; or, l'arête HN rencontre le plan BCF au point (u, u') : donc la droite TU est le second côté de la ligne de sortie. En continuant ainsi, je trouverai successivement les autres côtés UV, VX, XS de cette ligne.

Les projections de l'intersection des deux prismes étant construites, je fais, par la méthode précédemment exposée (12, II), le développement de la surface de chacun des prismes, et je trace d'abord les transformées de la ligne d'intersection de ces polyèdres sur le développement ADEBCFDA de la surface du prisme droit. Pour cela, je marque, sur le périmètre rectifié ABCA de la base ABC, la projection horizontale de chaque sommet de l'intersection des prismes ; je mène, par cette projection, une perpendiculaire à la droite ABC, et je la prends égale à la distance de la projection verticale du même sommet à la ligne de terre. Il est évident que l'extrémité de chaque perpendiculaire ainsi déterminée est un sommet de la transformée. C'est ainsi que j'ai construit les lignes PQR et STUVX sur le développement du prisme droit.

Pour développer plus facilement la surface du prisme oblique, j'ai coupé ce prisme par un plan perpendiculaire à ses arêtes latérales et, par suite, au plan vertical de projection sur lequel je l'ai rabattu, en le faisant tourner autour de sa trace verticale L_1T_1 ; j'ai déterminé ensuite chaque sommet de la transformée correspondant à ce développement, en traçant par la projection verticale de ce point une parallèle à la ligne droite $L_1 T_1$ jusqu'à la rencontre de l'arête sur laquelle le sommet doit se trouver. Cette construction donne les deux lignes $r'_1q'_1p'_1r'_1$ et $v'_1u'_1t'_1s'_1x'_1v'_1$ pour les transformées des lignes d'entrée et de sortie.

Remarque. Si l'on voulait construire l'enveloppe du corps formé par les deux prismes, il faudrait découper, dans les développements précédents, les figures PQR, STUVX, $r'_1v'_1s'_1v'_1r'_1$, puis ajuster la partie inférieure r'_1I du prisme oblique à l'ouverture PQR faite dans le prisme droit, et la partie supérieure Ov'_1 du prisme oblique à l'autre ouverture STUVX du prisme droit.

PROBLÈMES A RÉSOUDRE

1. Déterminer la section faite dans un dodécaèdre régulier par un plan donné.

2. Couper une pyramide quadrangulaire quelconque par un plan tel que la section soit un parallélogramme.

3. Construire les projections des points de rencontre d'une ligne droite et de la surface d'un octaèdre régulier.

4. Construire les projections de l'intersection d'une pyramide quadrangulaire et d'un prisme triangulaire dont les bases sont sur le même plan.

Tracer les transformées de la ligne d'intersection sur les développements de chacune des surfaces de ces polyèdres.

5. Construire les projections de l'intersection de deux pyramides ayant leurs bases sur le même plan.

SEIZIÈME LEÇON

PROGRAMME. — Ce que, dans les arts du dessin, on nomme *plan, élévation* et *coupe*.

Manière de représenter par *plan, élévation* et *coupe* un bâtiment, une machine ou un organe de machine.

DÉFINITION

Dans les arts du dessin, la projection horizontale d'un objet quelconque se nomme *plan*, et sa projection verticale *élévation*. On appelle *coupe* toute section faite dans cet objet par un plan vertical ou horizontal.

Le plan et l'élévation d'un corps suffisent pour faire connaître la forme extérieure de ce corps, c'est-à-dire les surfaces qui le déterminent et lui donnent une figure particulière. Les coupes servent à montrer les détails intérieurs et leurs dimensions.

PROBLÈME I

Représenter un bâtiment par plan, élévation et coupe. [1]

1° *Plan du bâtiment.*

On distingue dans une maison autant de plans qu'il y a d'étages dont la disposition intérieure soit différente ; de là ces dénominations de *plan du rez-de-chaussée*, de *plan du premier étage*, etc. Ces plans sont en réalité des coupes horizontales qu'on fait dans chaque étage et sur lesquelles on projette la portion de l'escalier comprise dans cet étage même.

Pour lever le plan d'une maison, je commence par le pre-

[1] *Voir* la planche III.

mier étage et j'applique la méthode du levé d'un terrain au mètre (*levé des plans*, leçon I). Je prends pour base du levé la projection horizontale *mm'* de la face antérieure de la maison (*plan du rez-de-chaussée*) et je mesure cette ligne, ainsi que ses parties *mn*, *nn'*, *n'm'*, qui déterminent la position et la largeur de l'entrée de la maison. Par le milieu *o* de l'entrée *nn'* je trace une ligne droite *bo* qui soit à peu près parallèle aux murs de l'allée; pour déterminer la position de cette ligne par rapport à la base *mm'*, je joins l'un de ces points, par exemple *b*, au point *m'*, et je mesure les trois côtés du triangle *bom'* qui fait connaître l'angle *bom'*, c'est-à-dire l'inclinaison de la droite *bo* sur *mm'*.

Cela posé, par deux points pris à l'intérieur de l'allée sur la droite *bo* j'élève sur cette ligne des perpendiculaires que je prolonge jusqu'à la rencontre des murs formant l'allée. Je mesure alors les distances de ces deux points au point *o*, et les portions des perpendiculaires comprises entre la droite *bo* et chaque mur. Ces longueurs rapportées sur le plan feront connaître les projections des murs de l'allée. Je détermine ensuite la position et les dimensions de chacune des portes *p*, *p'* de la salle à manger A, ainsi que l'épaisseur du mur *p''*; puis je lève au mètre le plan de la pièce A. Je prends de même les mesures nécessaires à la détermination de la porte *p''* qui est pratiquée dans l'autre mur de l'allée, et par laquelle on entre dans la cuisine B. Je mesure aussi l'épaisseur du mur *p''r*, et je lève le plan de la cuisine. Je termine les opérations relatives au levé du rez-de-chaussée en mesurant les dimensions des marches de l'escalier et la distance de l'une à l'autre; ces éléments suffisent pour construire la projection horizontale de l'escalier, puisque chaque marche est parallèle au plan de projection et s'y projette en vraie grandeur.

Je détermine l'épaisseur du mur *mt* en diminuant la distance *mo* de la largeur de la salle à manger A, de l'épaisseur du mur *pp'* et de la distance de ce mur à la droite *bo*. J'obtiens de même l'épaisseur du mur *m't'*, laquelle est ordinairement égale à celle du mur *mt*. Quant à l'épaisseur du mur *tt'*, je la mesure par une ouverture quelconque, porte ou fenêtre, pratiquée dans ce mur. Lorsque la maison est isolée, on peut aussi avoir l'épaisseur du tt' en mesurant la longueur du mur mt, et la diminuant de celle de la salle à manger et de l'épaisseur du mur mm'.

Toutes ces mesures étant prises, on construit à une certaine échelle le plan de l'étage considéré, en indiquant par de simples traits les projections des faces de tous les murs. Pour faire reconnaître le plein des murs et les ouvertures qui y sont pratiquées, on applique des couleurs convenues sur les parties pleines et on laisse en blanc toutes les ouvertures.

Lorsqu'une ouverture est une fenêtre, on marque sur le plan les projections des surfaces extérieures et intérieures du mur dans lequel elle est pratiquée; mais si cette ouverture est une porte, on interrompt le tracé des mêmes projections dans toute l'étendue de la porte.

Il faut construire pareillement le plan de chaque étage et même celui des caves.

On indique l'emplacement des lits dans les chambres à coucher par des rectangles dont on trace les diagonales.

2° *Élévation du bâtiment.*

Au lieu de projeter le bâtiment sur un plan vertical quelconque, on choisit ordinairement le plan de projection de manière qu'il soit parallèle à la façade du bâtiment, c'est-à-dire à la face dans laquelle se trouve la principale entrée. L'élévation est donc, à proprement parler, la représentation de cette façade. On construit parfois les projections verticales d'autres faces du bâtiment. Les mesures nécessaires pour tracer une élévation quelconque se prennent à l'extérieur du bâtiment au moyen d'échelles ou d'échafaudages appliqués contre la façade qu'on veut dessiner.

3° *Coupe du bâtiment.*

Les coupes qu'on fait dans un bâtiment sont généralement verticales et parallèles à ses faces; on les dessine à la même échelle que le plan et l'élévation, et l'on marque leurs directions sur le plan.

On projette et l'on figure sur le dessin de chaque coupe tous les objets, tels que fenêtres, cheminées, portes, escaliers, etc., qui se trouvent d'un même côté de cette coupe dans les pièces du bâtiment qu'elle traverse. Il en résulte qu'une coupe est à la fois une section faite dans le bâtiment et l'élévation de certaines faces intérieures. Dans le dessin de la coupe, la section se distingue de l'élévation par des hachures.

A la droite du plan du rez-de-chaussée et de l'élévation du bâtiment on voit deux coupes faites dans le bâtiment suivant les directions *ab*, *cd*. On a projeté sur la coupe *ab* les murs et l'escalier qui sont situés à sa droite dans les pièces qu'elle traverse, et sur la coupe *cd* tout ce qui se trouve derrière. Les mesures nécessaires au tracé de ces coupes se prennent à l'intérieur du bâtiment, ainsi que sur son élévation et sur les plans de ses différents étages. Par exemple, les plans du rez-de-chaussée et du premier étage font connaître la position et la largeur des portes p'' et p''' dans la coupe *ab*; quant à leur hauteur, on la mesure sur place.

PROBLÈME II

Représenter une machine, ou un organe de machine, par plan, élévation et coupe.

Le mode de représentation d'une machine ou d'un organe de machine, par plan, élévation et coupe étant identique à celui que je viens d'expliquer pour un bâtiment, je me contenterai d'en donner un exemple en faisant le plan, l'élévation et la coupe d'une batterie électrique[1] composé de six vases. Les mesures qui sont nécessaires pour dessiner ces figures doivent être prises sur la machine elle-même, ou données *à priori*. Lorsque la machine est compliquée et qu'elle renferme beaucoup de détails intérieurs, on fait des coupes horizontales ou verticales en assez grand nombre pour faire connaître avec exactitude tous ces détails.

[1] *Voir* la planche III.

Exercices

1. Construire le plan, l'élévation et une coupe d'une machine pneumatique.

2. Construire le plan, l'élévation et une coupe d'une machine électrique.

3. Représenter une machine à vapeur par plan, élévation et coupe.

NOTIONS

SUR LE

NIVELLEMENT ET SES USAGES

PREMIÈRE ET DEUXIÈME LEÇON

Programme. — Objet du nivellement. — Description et usage du niveau d'eau. — Manière d'inscrire et de calculer les résultats du nivellement. — Profils de nivellement.

OBJET DU NIVELLEMENT

Le plan d'un terrain, c'est-à-dire sa projection horizontale réduite à une certaine échelle, ne suffit pas pour en faire connaître la forme, s'il est accidenté ; car la représentation d'un corps par la méthode des projections n'est complète que lorsqu'on a ses projections sur deux plans rectangulaires. Il faudrait donc joindre à la projection horizontale d'un terrain sa projection sur un plan vertical, pour que sa forme fût entièrement déterminée ; mais cette nouvelle projection est si confuse qu'il a fallu renoncer à l'employer. En effet, il est évident qu'une ligne droite horizontale rencontre généralement en un grand nombre de points la surface d'un terrain ondulé et que, par suite, les projections verticales des différentes parties de cette surface doivent se recouvrir les unes les autres, quelque plan vertical de projection que l'on choisisse.

Pour éviter la confusion provenant de cette superposition des projections verticales, on est convenu de représenter un terrain par sa projection horizontale et par les distances de ses points au plan de projection. Ce plan a reçu le nom de *plan de niveau*, parce qu'on le détermine avec un instrument qui se nomme *niveau*. On appelle *cote* la distance d'un point quelconque au plan de niveau.

Si deux points ont la même cote, ils sont également éloignés du plan de niveau. Dans le cas contraire, la différence de leurs distances à ce plan est appelée la *différence de niveau* de ces points.

Le *nivellement* a pour objet de déterminer les cotes des points d'un terrain dont on lève le plan et, en général, de mesurer la différence de niveau de deux points quelconques. Les instruments employés dans le nivellement sont le *niveau d'eau* et une *règle divisée* qu'on appelle *mire*.

Parmi les applications si importantes du nivellement, on peut citer celle qu'on fait journellement pour conduire les eaux d'un lieu dans un autre. Il faut, en effet, que le lieu où l'on veut amener ces eaux soit au-dessous du niveau de celui d'où elles doivent partir, pour qu'elles y coulent d'elles-mêmes après la suppression des obstacles intermédiaires. C'est par le nivellement qu'on mesure les différences de niveau qu'il est nécessaire de connaître pour calculer les difficultés d'une pareille entreprise, et répondre de son succès.

Description et usage du niveau d'eau et de la mire.

1° Le *niveau d'eau* se compose d'un tube cylindrique CD de fer-blanc, ou de cuivre, dont la longueur est environ de $1^{m},50$ et le diamètre de $0^{m},05$. Ce tube est recourbé à angle droit, près de ses extrémités qui portent deux fioles A, B, de même diamètre et sans fond. Un contact parfait est établi entre le tube et chaque fiole par l'intermédiaire d'une rondelle de cuir, ou simplement avec du mastic. On place le niveau sur un pied à trois branches, au moyen d'un genou à coquille fixé au milieu de sa longueur, de sorte qu'on peut donner au tube une position horizontale, et l'amener par un mouvement de rotation dans un plan vertical quelconque, passant par le point d'appui du niveau sur son pied.

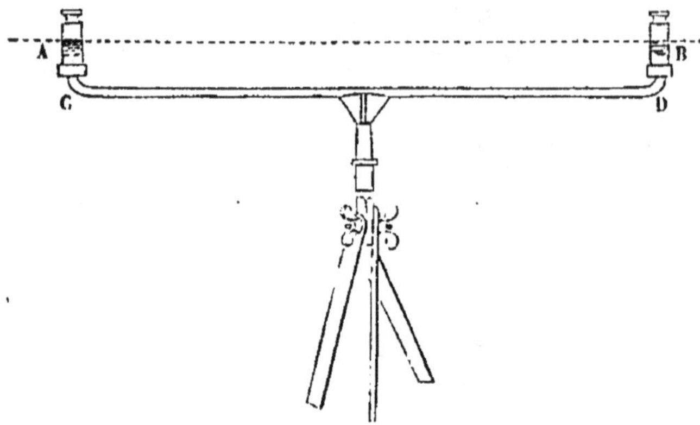

Pour se servir de cet instrument, on le met sur son pied de manière qu'il soit à peu près horizontal; puis on remplit d'eau le tube et environ la moitié de chaque fiole. S'il reste quelques bulles d'air dans le tube, on les en expulse en l'inclinant suffisamment, après avoir bouché toutefois la fiole qu'on abaisse; car ces bulles montent alors dans la partie la plus élevée du tube et s'échappent par la fiole ouverte. Lorsque l'eau cesse d'être agitée, les surfaces qui la terminent dans les deux fioles sont de niveau, c'est-à-dire qu'elles sont comprises dans un même plan horizontal, en vertu des conditions d'équilibre d'un liquide dans des vases communiquants; tout rayon visuel dirigé suivant ces surfaces est dès lors horizontal. On voit donc que le niveau d'eau fait connaître la position d'un plan horizontal.

Il importe que le tube du niveau soit à peu près horizontal, pour qu'en lui faisant faire le tour de l'horizon, l'eau ne coule pas hors de la fiole la moins élevée, et que les surfaces qui la terminent restent dans le même plan. On reconnaît que cette condition est remplie lorsqu'en donnant au tube deux directions quelconques, par exemple rectangulaires, l'eau s'élève toujours à la même hauteur dans les deux fioles.

En réalité, la surface de l'eau dans chacune des fioles est légèrement concave et non pas plane, à cause de la petitesse de leurs diamètres. Il faut alors qu'un rayon visuel rase les bords des ménisques liquides *abc*, *a'b'c'*, pour être horizontal.

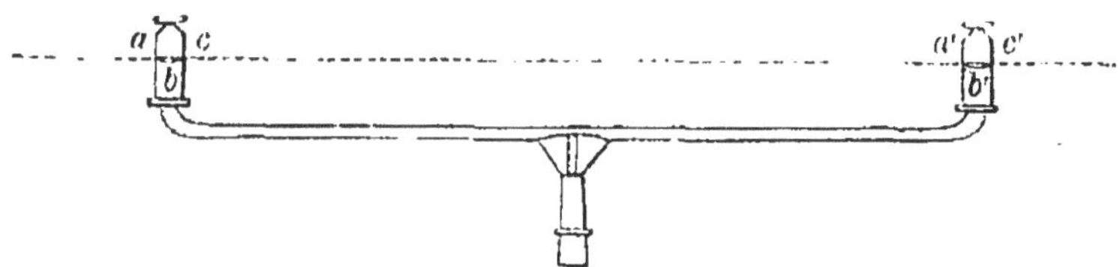

Ces ménisques, considérés d'un peu loin, paraissent être de petites lignes droites noires; aussi on s'en sert comme de repères pour assurer la visée. Lorsqu'on veut viser avec le plus de précision possible, on s'éloigne du niveau à la distance d'un mètre ou deux, et l'on dirige son regard dans le plan horizontal déterminé par les deux ménisques, de manière que le rayon visuel soit tangent extérieurement ou intérieurement aux deux fioles.

2° Pour mesurer les distances des points d'un terrain à un plan de niveau, on se sert ordinairement d'une *mire*, c'est-à-dire d'un système de deux règles RR', *mm'*, ayant chacune deux mètres de longueur et la même largeur. La règle RR' a un talon de fer T terminé par une pédale P avec laquelle on maintient cette règle verticale. Elle est divisée en centimètres dans le sens de sa longueur sur deux faces adjacentes; la division tracée sur l'une de ces faces commence à partir de la pédale, tandis que celle qui est marquée sur l'autre commence à partir du talon. On a pratiqué, dans la face opposée à celle qui porte la première division, une coulisse dans laquelle une languette, faisant partie de la règle *mm'*, se trouve engagée et peut glisser jusqu'au talon T. Cet assemblage est maintenu par un large collier de cuivre C, embrassant les deux règles et fixé à la partie inférieure *m* de la seconde *mm'*. Une vis *d* qui tient au collier sert à presser RR' contre *mm'* et à empêcher par suite le glissement de *mm'* dans la coulisse. La face du collier C, appliquée sur la division de RR' qui commence au talon T, est échancrée dans sa partie inférieure, et l'un des bords verticaux de l'ouverture est divisé en millimètres.

La mire a un second collier C' qui peut glisser le long des

deux règles et même sur le talon T′ de la règle *mm′*. Il est arrêté dans cette position extrême par le taquet *t* d'un ressort *s* placé à la partie supérieure de la mire. Ce collier peut être fixé à une hauteur quelconque au moyen de la vis de pression *d′*; il porte, sur sa face adjacente à la règle *mm′*, une pla-

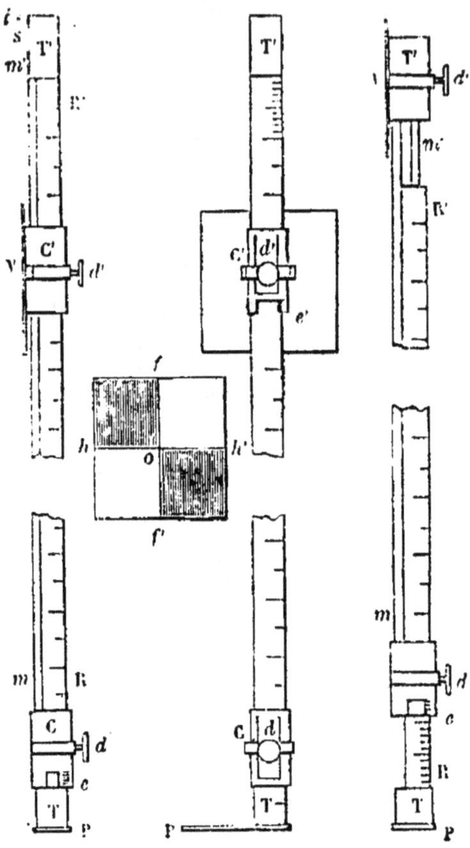

que carrée de fer-blanc V qu'on nomme le *voyant* de la mire. Deux lignes droites dont l'une, *hh′*, est horizontale, et l'autre, *ff′*, verticale, divisent la surface du voyant en quatre carrés égaux. L'intersection *o* de ces lignes, c'est-à-dire le *centre* de V, sert de point de mire; pour le rendre plus visible de loin, on a peint en blanc deux carrés ayant un angle opposé par le sommet, et les deux autres en rouge. La face du collier C′, qui est opposée au voyant et, par conséquent, appliquée sur la division de RR′ commençant à la pédale P, a aussi une échancrure *e′* dans sa partie inférieure, et l'un des bords de son échancrure est divisé en millimètres. Le zéro de cette nouvelle division est à la même hauteur que le centre du voyant.

Avant d'expliquer l'usage simultané du niveau d'eau et de la mire, je ferai remarquer que, si la distance de deux points d'un terrain ne surpasse pas 100 mètres, on peut regarder leurs verticales comme parallèles, parce que l'angle de ces deux droites n'est pas même de 4''. En effet, la circonférence de grand cercle, déterminée sur le globe terrestre par les deux points considérés, ayant 40,000,000 mètres de longueur, et l'arc de cette circonférence qui mesure l'angle des verticales de ces points étant égal au plus à 100 mètres, j'en conclus que le nombre de secondes contenues dans cet arc, c'est-à-dire $\frac{360 \times 60 \times 60 \times 100}{40000000}$, est moindre que 4. On peut donc, sans erreur sensible, mesurer sur la verticale de l'un des deux points la distance de ce point à l'horizon de l'autre. C'est ainsi qu'on opère dans le nivellement.

Cela posé, pour mesurer directement avec la mire la distance d'un point A au plan horizontal que détermine un niveau d'eau installé en un autre point B, il faut : 1° que la distance du point A au point B ne surpasse pas 100 mètres ; 2° que A soit situé sous le plan de niveau ; et 3° que sa distance à ce plan soit moindre que 4 mètres. Ces conditions étant remplies, voici comment on mesure cette distance : le niveleur se tient près du niveau tandis qu'un aide pose verticalement la mire sur le point A, en tournant le voyant du côté du niveleur, et il la maintient dans cette position en appuyant le pied gauche sur la pédale P. La règle *mm'* étant fixée au bas de la mire par le moyen de la vis *d*, l'aide fait monter ou descendre le voyant jusqu'à ce que le niveleur aperçoive le centre dans le plan du niveau et l'en avertisse par un signe convenu ; il serre aussitôt la vis *d'* pour arrêter le voyant dans cette position. Alors la cote cherchée est moindre que 2 mètres, ou égale au plus à cette longueur, puisque la règle *mm'* touche le talon T. L'aide lit sur la division de RR', commençant à la pédale P, le nombre de centimètres que contient la distance du centre du voyant au bas de la mire. La division du collier C' fait connaître le nombre de millimètres qu'il faut ajouter à ces centimètres pour avoir la cote du point A.

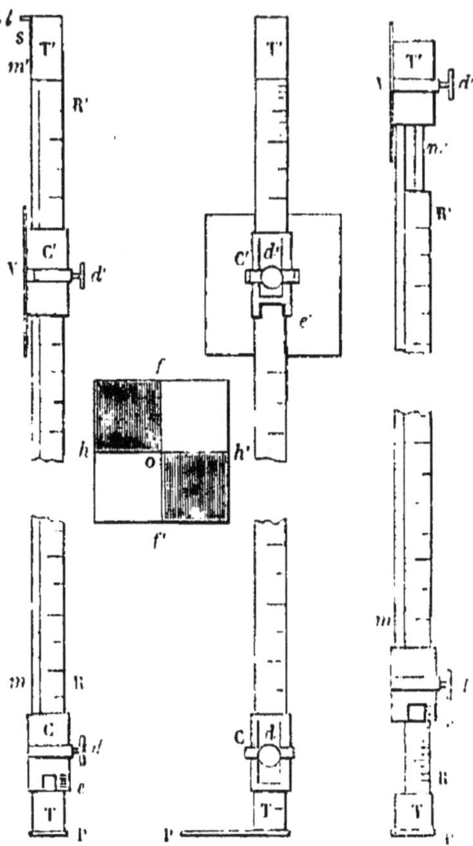

Si la cote est plus grande que 2 mètres, l'aide fixe le voyant sur le talon supérieur T'; il desserre ensuite la vis *d* et fait monter la règle *mm'* dans la coulisse jusqu'à ce que le centre du voyant soit dans le plan du niveau. Sur un signe du niveleur, il arrête la règle *mm'* en serrant la vis *d*, puis il lit la cote du point A sur la division de RR' commençant au talon T. Les millimètres sont donnés par la division du collier C.

L'emploi du niveau d'eau exige de la part du niveleur une grande justesse de coup d'œil ; car une erreur d'une minute ou d'un soixantième de degré dans l'appréciation de la direction du plan de niveau augmente ou diminue de plus d'un centimètre la hauteur qu'il faut mesurer, même lorsque la distance de la mire au niveau d'eau est seulement de 50 mètres. En effet, soient a la position de l'œil du niveleur, b celle du centre du voyant, et c le point de la mire mm' où ce centre devrait se trouver si le niveleur n'avait pas fait une erreur d'une minute dans la direction du plan de niveau. La droite bc représente dès lors l'erreur commise sur la hauteur cherchée. Pour évaluer sa grandeur, je fais remarquer que cette droite est tangente à l'arc de cercle décrit du point a comme centre avec le rayon ac de 50 mètres entre les côtés de l'angle bac d'une minute. Par conséquent, elle est plus grande que cet arc, c'est-à-dire plus grande que $\frac{2\pi \times 50}{360 \times 60}$ mètres, quantité qui surpasse 1 centimètre.

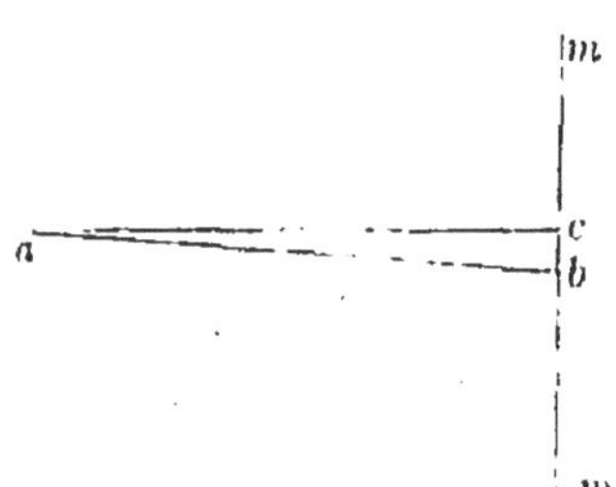

Il résulte de ce qui précède qu'on ne peut se servir du niveau d'eau que pour le nivellement de points peu éloignés. Dans les grands travaux de nivellement on remplace cet instrument par un niveau à bulle d'air, muni d'une lunette pour assurer la visée, et, par suite, susceptible d'une plus grande précision.

PROBLÈME

Mesurer la différence de niveau de deux points A et B d'un terrain.

Nivellement simple. Je suppose d'abord la distance des points donnés A et B moindre que 100 mètres. Le niveleur place le niveau en station sur un troisième point C qu'il prend, à la simple vue, également éloigné de A et B; ce point peut être situé sur la droite AB, ou hors de cette ligne, pourvu que sa distance aux points A et B ne surpasse pas 50 mètres. Le niveau étant installé au point C, un aide place la mire successivement sur les points A et B; si la pente du terrain est assez faible pour que ces deux points se trouvent sous le plan de niveau, comme dans la

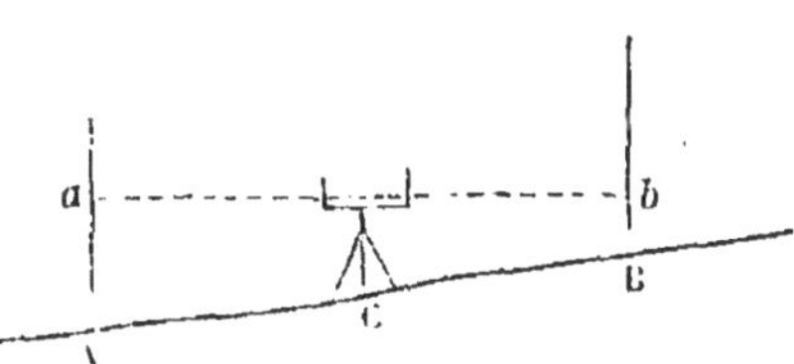

figure ci-jointe, et que leurs cotes A*a*, B*b* soient moindres que 4 mètres, l'aide les détermine d'après la méthode que je viens d'exposer. Lorsque ces cotes sont égales, les points A et B sont de niveau, puisqu'ils se trouvent du même côté du plan de niveau et à la même distance de ce plan. Au contraire, si les cotes A*a*, A*b* sont inégales, le point qui a la plus grande cote est plus bas que l'autre, car il est plus éloigné du plan de niveau. On obtiendra la différence de niveau de ces points en prenant la différence de leurs cotes. Soient, par exemple, A*a* égale à 1m,80 et B*b* égale à 1m,25. La différence de ces deux cotes est de 0m,55; par suite, le point B est élevé de 0m,55 au dessus du niveau du point A.

On effectue ordinairement le nivellement de gauche à droite, c'est-à-dire que le niveleur détermine d'abord la cote du point situé à sa gauche et mesure ensuite celle du point qui se trouve à sa droite. Lorsqu'il vise le premier point, pour reconnaître si le centre du voyant est dans le plan du niveau, on dit qu'il donne le *coup de niveau d'arrière*. En visant le second point, il donne, au contraire, le *coup de niveau d'avant*. La cote déterminée par le coup de niveau d'arrière se nomme *cote arrière*, et celle qui correspond au coup de niveau d'avant s'appelle *cote avant*. Un *nivellement* est *simple* lorsqu'on l'effectue au moyen de deux coups de niveau donnés de la même station. Tel est le nivellement précédent.

Lorsque la distance des deux points A, B est moindre que 100 mètres et que le niveau est installé en un point également éloigné de A et de B, il arrive parfois que la pente du terrain est assez grande pour que le plus élevé des points A, B se trouve au-dessus du plan de niveau. On ne peut plus déterminer alors par deux coups de niveau la différence de hauteur de ces points; mais on les rattache l'un à l'autre par une suite de nivellements simples desquels on déduit cette différence du niveau, et qui constituent ce qu'on appelle un *nivellement composé*. C'est aussi par un nivellement de ce genre qu'on mesure la différence de niveau de deux points dont la distance surpasse 100 mètres.

Il arrive quelquefois que l'un des deux points A, B est au

dessus du plan de niveau et qu'on peut néanmoins mesurer d'une seule station leur différence de hauteur. Je suppose, par exemple, que le point B se trouve sur un mur de terrasse, et que la distance de A à B soit moindre que 100 mètres. On place encore le niveau en un point C également éloigné des points A et B, puis on mesure la cote de A comme précédemment. Quant à celle de B, on l'obtient de la manière suivante : un aide monte sur la terrasse et applique contre le point B un fil à plomb qu'il laisse descendre jusqu'au plan de niveau, puis il mesure sur le fil la distance de B au point d'arrêt *b*. Cette distance est la cote du point B; en y ajoutant la cote A*a* du point A, on a la différence de niveau de ces deux points.

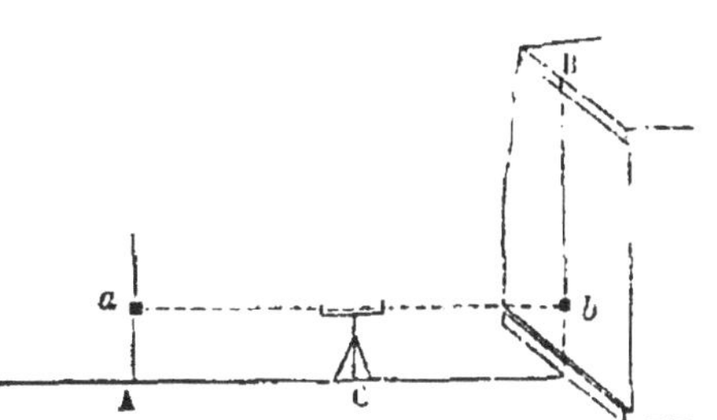

Nivellement composé. Je suppose en second lieu la pente du terrain AB trop grande, ou les points A, B, trop éloignés l'un

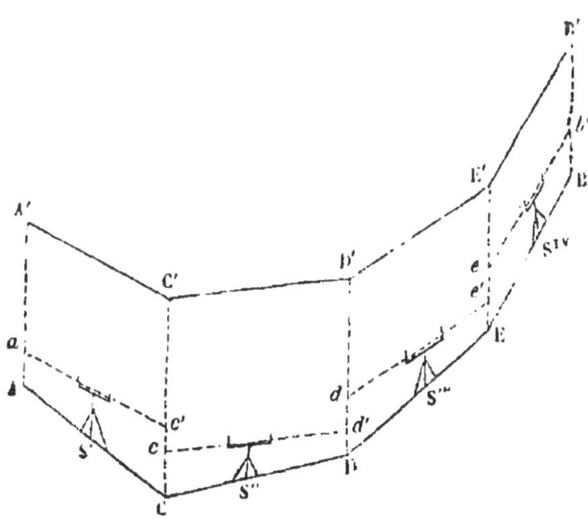

de l'autre pour qu'il soit possible de déterminer d'une seule station leur différence de niveau. On rattache alors le point A au point B par une ligne polygonale ACDEB, dont les sommets soient assez nombreux et assez rapprochés les uns des autres pour qu'on puisse mesurer par un nivellement simple la différence de niveau des points extrêmes de chaque côté de cette ligne. Lorsque aucun travail ultérieur n'indique la direction qu'il faut donner à la ligne ACDEB, on prend pour ses sommets les points remarquables du terrain, tels que ses points d'inflexion, afin que le nivellement fasse connaître non-seulement la différence de niveau des points A et B, mais encore la forme du terrain entre ces deux points.

Cela posé, on lève le plan de la ligne ACDEB, c'est-à-dire qu'on mesure les côtés et les angles de sa projection horizontale; puis on procède au nivellement de la manière suivante en allant du point A au point B, c'est-à-dire de gauche à droite : Le niveleur installe d'abord le niveau en un point S′ également éloigné des points A, C, et fait placer successivement la mire sur ces deux derniers points, pour mesurer la cote arrière A*a* du premier, et la cote avant C*c′* du second. Il transporte ensuite le niveau en un point S″ situé entre les points C et D, puis il détermine la cote arrière C*c* de C, et la cote avant D*d′* de D, en faisant placer successivement la mire sur ces deux points. Le niveleur mesure de même les cotes arrière D*d*, E*e* des points D, E, et les cotes avant E*e′*, B*b′* des points E, B, en stationnant aux points intermédiaires S‴, S^{iv}.

Manière d'inscrire et de calculer les résultats des observations.

Les points que l'on considère dans le nivellement composé sont rapportés deux à deux à des plans de niveau différents, *ac′*, *cd′*,... qui correspondent aux différentes stations S′, S″... Pour faciliter le calcul de la différence de niveau de deux quelconques de ces points, on détermine leurs cotes par rapport à un même plan horizontal qu'on prend à volonté au-dessus ou au-dessous de tous les plans de niveau partiels, et qu'on appelle *plan général du nivellement*. Soient A′, C′, D′, E′ et B′ les projections des points A, C, D, E, B, sur ce plan que je suppose au-dessus de tous les plans de niveaux partiels; les distances AA′, CC′, DD′, EE′, BB′ sont les nouvelles cotes qu'il s'agit de calculer au moyen des cotes arrière et des cotes avant données par les nivellements simples. Je dis que, *pour avoir la cote d'un point par rapport au plan général du nivellement, il faut ajouter à celle du point précédent la cote avant du premier point, et retrancher du résultat de cette addition la cote arrière du second.*

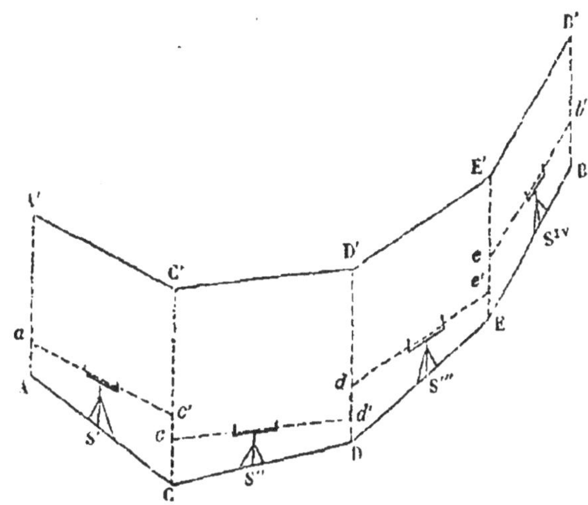

Pour démontrer cette règle, je considère un point quelconque du terrain, par exemple le point D, et je fais remarquer que les droites C'D', *cd'* sont parallèles comme intersections de deux plans de niveau par le plan vertical CDD'C'. Par conséquent, le quadrilatère C'D'*d'c* est un rectangle, et j'ai l'égalité

$$D'D - d'D = C'C - cC,$$

de laquelle je tire :

$$D'D = C'C + d'D - cC,$$

ce qu'il fallait démontrer.

On simplifie l'énoncé de la règle précédente, en convenant : 1° de regarder comme positive ou négative la cote d'un point, selon qu'il est situé au-dessus ou au-dessous du plan de niveau ; 2° d'appeler *différence de niveau de deux points* C, D, le nombre positif ou négatif *d'*D — *c*C qu'on obtient en retranchant la cote arrière *c*C du premier de la cote avant *d'*D du second. Il résulte, en effet, de cette double convention : 1° que le point C est plus élevé ou plus bas que le point D, suivant que leur différence de niveau est positive ou négative ; 2° que *la cote d'un point par rapport au plan général du nivellement est égale à celle du point précédent, augmentée de la différence de niveau de ces deux points.*

Cela posé, soient $\alpha, \gamma, \delta, \varepsilon$, les cotes arrière des points A, C, D, E, et $\gamma', \delta', \varepsilon', \beta'$, les cotes avant des points C, D, E, B. D'après la convention précédente, les nombres $\gamma' - \alpha$, $\delta' - \gamma$, $\varepsilon' - \delta$, $\beta' - \varepsilon$, sont les différences de niveau obtenues dans les nivellements simples. Je suppose maintenant la cote générale du point A égale à h, c'est-à-dire que je prends le plan général du nivellement à la distance h du point A. Il résulte du second énoncé de la règle qui précède que la cote générale du point C est égale à $h + (\gamma' - \alpha)$. On trouve de même $h + (\gamma' - \alpha) + (\delta' - \gamma)$ pour la cote générale du point D, $h + (\gamma' - \alpha) + (\delta' - \gamma) + (\varepsilon' - \delta)$ pour celle du point E, et enfin $h + (\gamma' - \alpha) + (\delta' - \gamma) + (\varepsilon' - \delta) + (\beta' - \varepsilon)$ pour celle du point B. Ces cotes étant calculées, il suffit de prendre la différence de deux d'entre elles pour avoir la différence de niveau des deux points correspondants, puisqu'ils sont rapportés au même plan horizontal. Ainsi la quantité

$$\gamma' - \alpha + \delta' - \gamma + \varepsilon' - \delta + \beta' - \varepsilon,$$

exprime la différence de niveau des deux points extrêmes B et A; on voit qu'elle est égale à la somme algébrique des différences de niveau de tous les nivellements simples. On peut dire aussi qu'elle est représentée par l'excès de la somme des cotes avant $\gamma', \delta', \varepsilon', \beta'$, sur celle des cotes arrière $\alpha, \gamma, \delta, \varepsilon$, de tous les points nivelés.

Pour faire une application numérique de cette règle, je prends

$$\begin{array}{ll}
\alpha = 0^{m},500 & \gamma' = 1^{m},705 \\
\gamma = 1^{m},408 & \delta' = 0^{m},806 \\
\delta = 1^{m},357 & \varepsilon' = 0^{m},659 \\
\varepsilon = 1^{m},705 & \beta' = 0^{m},752
\end{array}$$

et je suppose le plan général du nivellement à 10 mètres du point A. On peut disposer les calculs comme l'indique le tableau suivant :

STATIONS.	POINTS NIVELÉS.	DISTANCES horizontales des points de chaque nivellement simple.	COTES DES NIVELLEMENTS partiels		DIFFÉRENCES de niveau.		COTES du NIVELLEMENT général.
			Avant.	Arrière.	Positives.	Négatives.	
	A		»	0m,500			10m,000
1		155m			1,203		
	C		1m,703	1m,408			11m,203
2		180m				0,602	
	D		0m,806	1m,357			10m,601
3		175m				0,698	
	E		0m,659	1m,705			9m,903
4		200m				0,953	
	B		0m,752	»			8m,950
			3m,920	4m,970			
Vérification du calcul.			10m — 8,950 = 1m,050 4m,970 — 3m,920 = 1m,050				

La vérification de ces calculs consiste dans la recherche de la différence de niveau des points extrêmes A et B par deux méthodes différentes. Dans l'une, on prend la différence des cotes de ces points par rapport au plan général, tandis que dans l'autre on calcule l'excès de la somme des cotes avant de tous les points sur celle de leurs cotes arrière.

Profil de nivellement.

Si l'on projette sur le plan général du nivellement les sommets et, par suite, les côtés de la ligne polygonale ACDEB que l'on suit pour mesurer la différence de niveau des points A, B, les plans projetants déterminent une surface prismatique ACDEBB'E'D'C'A', composée de trapèzes rectangles ACC'A', DCC'D', etc. Cette surface est *développable*, c'est-à-dire qu'on peut l'étendre sur un plan sans déchirure ni duplicature. En effet, je fais tourner le premier trapèze ACC'A' autour de son côté CC', comme axe, jusqu'à ce qu'il vienne se placer sur le prolongement du plan du second trapèze DCC'D' dans la position $A'_1C'CA_1$. Lorsque ces deux trapèzes se trouvent dans le même plan, je fais tourner ce plan autour de la droite DD′, pour l'appliquer sur celui du troisième trapèze EDD′E′. Par une rotation effectuée autour de la droite EE′, j'amène ensuite le plan $A'_2E'EA_2$, qui contient les trois premiers trapèzes, à coïncider avec le plan du quatrième BEE′B′, et ainsi de suite,

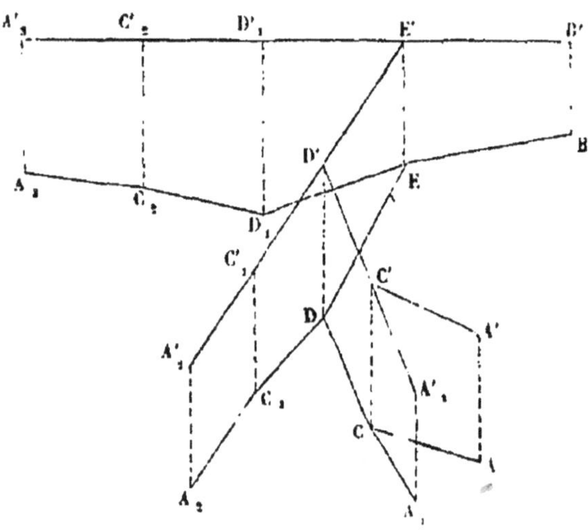

quel que soit le nombre des trapèzes qui composent la surface prismatique considérée. La figure $A_3A'_1B'B$, résultant du développement de cette surface, est ce qu'on appelle le *profil de nivellement suivant la ligne* ACDEB. Il faut remarquer que la projection horizontale A′C′D′E′B′ de la ligne ACDEB se développe suivant une ligne droite, parce que les côtés A′C′, C′D′, D′E′, E′B′, sont deux à deux perpendiculaires aux axes de rotation CC′, DD′, EE′.

Les opérations du nivellement font connaître tous les éléments nécessaires pour tracer le profil de ce nivellement ; car on mesure les projections horizontales A′C′, C′D′, D′E′, E′B′ des côtés de la ligne ACDEB, suivant laquelle le nivellement est effectué, ainsi que les distances AA′, CC′, DD′, EE′, BB′ des sommets de cette ligne au plan général. On peut donc construire sans difficulté, sur la même ligne droite et à une échelle quelconque, les divers trapèzes qui composent le développement de la surface prismatique ACDEBB′E′D′C′A′.

Lorsque la ligne ACDEB se trouve tout entière dans un même

plan vertical, il est évident que la figure ACDEBB'E'D'C'A' est elle-même le profil du nivellement dans cette direction.

On construit ordinairement un profil de nivellement avec deux échelles de grandeurs différentes. La plus petite sert seulement pour le tracé des projections horizontales de tous les côtés de la ligne nivelée, et la plus grande pour le tracé des cotes relatives au plan général du nivellement. On rend de cette manière les inflexions du terrain plus visibles sur le profil.

TROISIÈME LEÇON.

PROGRAMME. — Représentation des résultats du nivellement et du levé des plans à l'aide d'une seule projection. — Ce que l'on nomme *plan coté*. — *Plan de comparaison*.

Lorsqu'on a levé le plan d'un terrain et mesuré par le nivellement les distances de ces points à un plan horizontal quelconque, on peut représenter ce terrain par les procédés de la géométrie descriptive, c'est-à-dire construire ces projections sur deux plans dont l'un soit horizontal et l'autre vertical. En effet, si l'on rapporte le plan du terrain sur une feuille de papier avec une échelle quelconque, on aura d'abord sa projection horizontale; pour en déduire sa projection verticale, on choisira une ligne de terre LT sur ce plan, puis on mènera par la projection horizontale de chaque point une perpendiculaire à la ligne de terre, et l'on prendra sur cette perpendiculaire, à partir de LT, dans un sens convenable, une longueur égale à la cote du point considéré. On figurera ensuite sur le plan vertical de projection les lignes remarquables du terrain, en unissant par un trait continu les projections verticales des points qui appartiennent à chacune de ces lignes.

Si l'on remarque qu'une droite verticale ne rencontre généralement la surface d'un terrain ondulé qu'en un seul point, tandis qu'une droite horizontale peut la rencontrer en un très-grand nombre de points, il est facile d'en conclure que les projections horizontales des différentes parties qui composent la surface du terrain sont distinctes, tandis que leurs projections verticales se recouvrent les unes les autres, quelque plan vertical que l'on choisisse. La confusion qui résulte de cette superposition des projections verticales est telle qu'il a fallu rejeter cette manière de représenter les terrains; mais on a conservé la projection horizontale, qui n'offre pas cet inconvénient. Dans les dessins relatifs au levé de plan et au nivellement, on détermine les positions des points de la surface d'un terrain par leurs projections sur un plan horizontal qu'on appelle *plan de comparaison*, et par leurs distances à ce plan. On mesure ces distances par le nivellement, et l'on écrit la cote de chaque point près de sa projection horizontale. Tout dessin sur lequel sont marquées les projections et les cotes d'un système de points se nomme *plan côté*.

Afin de mieux figurer le relief du terrain sur le plan coté, on conçoit ce terrain coupé par une suite de plans horizontaux, équidistants entre eux, et l'on marque sur le plan coté les projections de ces sections, auxquelles on donne le nom de *courbes de niveau*. La construction de la projection horizontale d'une courbe de niveau revient évidemment à la recherche des points du terrain qui ont une même cote donnée. Voici comment on trouve les projections horizontales de ces points : on coupe le terrain par une suite de plans verticaux qui soient parallèles ou forment entre eux de très-petits angles; on détermine leurs traces ab, $a'b'$, $a''b''$,... sur le plan du terrain, puis on fait le nivellement et le profil de ce terrain dans chacune des directions indiquées par les plans verticaux. Cela posé, pour avoir la projection horizontale d'une courbe de niveau comprise dans le plan horizontal dont la cote est égale à h, on cherche sur chaque pro-

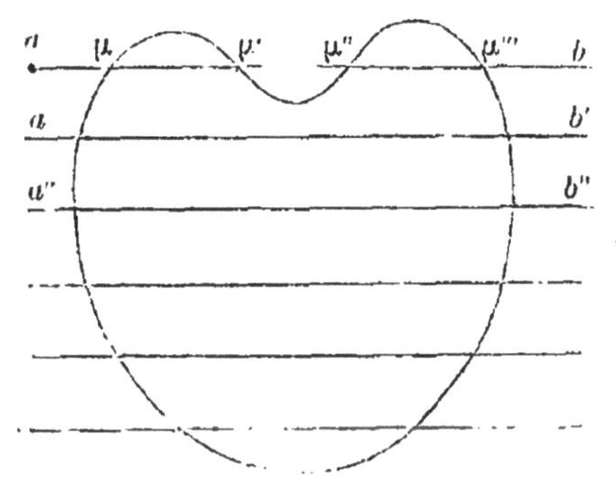

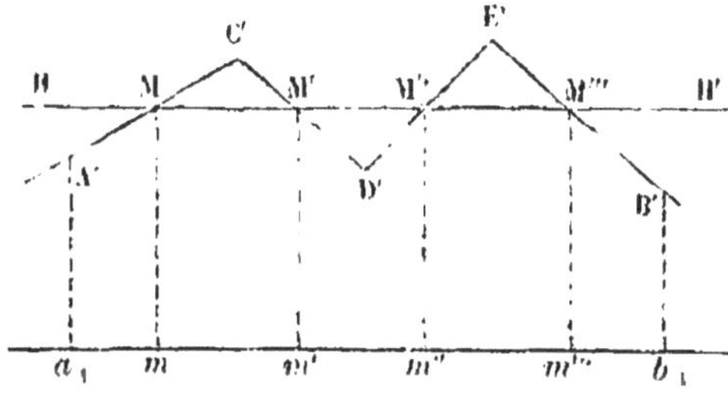

fil les points qui ont h pour cote. La détermination de ces points n'offre aucune difficulté. En effet, si l'on considère, par exemple, le profil $A'C'D'E'B'b_1a_1$ qui correspond à la droite ab, il suffit de tracer sur ce profil une droite HH' parallèle à la base a_1b_1, et distante de cette ligne d'une quantité égale à h; elle coupe le profil en quatre points, M, M', M'', M''', qui ont h pour cote, et appartiennent dès lors à la courbe de niveau cherchée. On projette ensuite ces points sur la droite a_1b_1, et l'on prend sur la ligne ab les longueurs $a\mu$, $a\mu'$, $a\mu''$, $a\mu'''$, respectivement égales aux distances a_1m, a_1m', a_1m'', a_1m'''. Les points μ, μ', μ'', μ''' se trouvent sur la projection horizontale de la courbe de niveau dont la cote est h. On déterminera de même les points d'intersection de cette ligne et de chacune des droites $a'b'$, $a''b''$...; on fera passer ensuite un trait continu par tous ces points, et l'on aura la projection demandée.

La planche IIV donne une idée de la représentation d'un terrain au moyen des courbes de niveau. Deux montagnes sont figurées sur ce terrain; on les a coupées par des plans horizontaux, séparés deux à deux par un intervalle de 10 mètres; le plus bas est mené à 30 mètres au-dessus du niveau de la plaine. On peut construire sans difficulté, au moyen de cette carte, le profil du terrain coupé par un plan vertical quelconque, par exemple par le plan vertical dont la trace horizontale est la droite AB. En effet, je prends pour ligne de terre une ligne droite qui soit parallèle à AB et dont la cote égale 40 mètres; je mène ensuite, sur le plan vertical, des parallèles à la ligne de terre de 10 mètres en 10 mètres. Ces droites sont les traces verticales des plans horizontaux dans lesquels se trouvent les courbes de niveau. Pour figurer le profil demandé, c'est-à-dire la projection verticale de la coupe faite dans le terrain, je projette sur la trace verticale du plan de chaque courbe de niveau les points d'intersection de la projection horizontale de cette courbe et de la droite AB; je réunis ensuite ces points par un trait continu $a'c'm'b'$, qui montre bien la configuration du terrain dans la direction du plan vertical AB.

QUATRIÈME LEÇON

PROGRAMME. — Représentation d'un plan et d'une droite sur un plan coté. — Connaissant la cote d'un point situé sur une droite donnée, trouver la projection de ce point, et *vice versa*. — Trouver l'inclinaison d'un chemin tracé sur un plan coté.

---

1. On représente un point sur un plan côté par sa projection et sa cote. La projection est indiquée par un trait et la cote par un nombre entier ou fractionnaire de mètres, écrit près de la projection. On nomme ordinairement un point par sa cote seule; ainsi le *point* 24 est celui dont la cote égale 24 mètres. Pour énoncer la projection d'un point, on ne se sert d'aucune lettre; on dit seulement la *projection du point* 15, du point 12..., si la cote de ce point est de 15, de 12.... mètres.

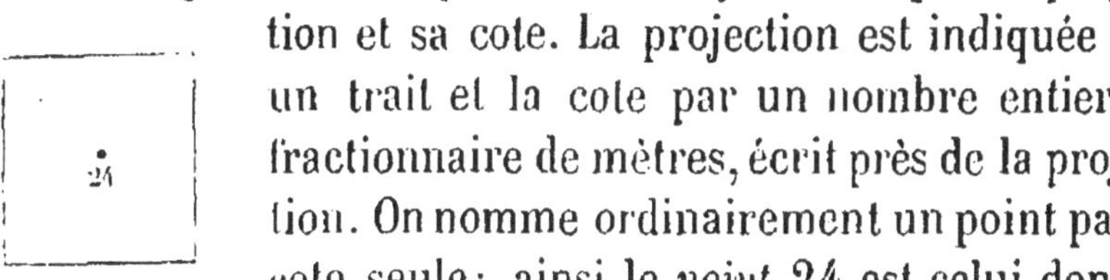

Cependant, pour faciliter les démonstrations, je désignerai, comme dans la géométrie descriptive, chaque point de l'espace par une grande lettre, la projection horizontale de ce point par la petite lettre correspondante, et sa cote par la lettre de même rang dans l'alphabet grec, lorsque cette longueur ne sera pas donnée en nombre. Ainsi le point *a* est la projection horizontale du point A, dont la cote égale α mètres.

Lorsque plusieurs points ont la même projection, on les distingue par leurs cotes qu'il faut écrire près de la projection, si on veut les indiquer tous. Comme on suppose généralement le plan de comparaison situé au-dessus de tous les points que l'on considère, il en résulte que celui de ces points qui a la plus petite cote est le plus élevé.

2. C'est par sa projection et les cotes de deux de ses points qu'on représente une ligne droite sur un plan côté. Soit, par exemple, la droite déterminée par les deux points A, B, dont les projections a, b, et les cotes α, β, sont données ; on trace la projection de cette ligne, c'est-à-dire la droite qui joint les projections a, b des points A, B, et l'on écrit chacune des cotes α, β près de la projection correspondante.

Les cotes α, β peuvent être égales ou inégales. Dans le premier cas, la droite AB est *horizontale*, puisqu'elle a deux points également éloignés du plan de comparaison ; dans le second, AB est inclinée sur l'horizon.

Si les projections a, b coïncident, la droite AB est *verticale*, c'est-à-dire perpendiculaire au plan de comparaison. On représente alors cette ligne par un point avec deux cotes α, β, ou sans cote, selon que l'on considère une portion déterminée de cette verticale, ou la droite tout entière.

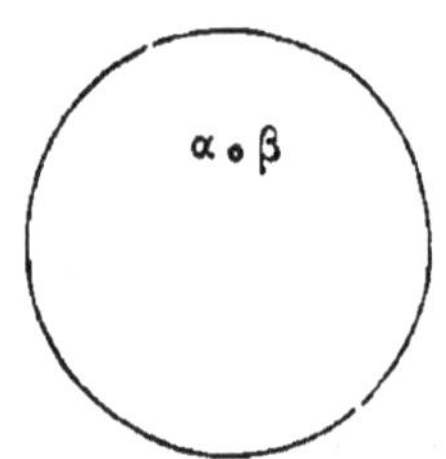

3. La *pente* d'une ligne droite est l'angle que cette ligne fait avec un plan horizontal quelconque, c'est-à-dire avec sa projection sur ce plan (E, 6, V). On détermine ordinairement cet angle par sa tangente trigonométrique ; aussi les ingénieurs prennent cette tangente pour la pente elle-même. J'emploierai désormais le mot *pente* dans cette acception, parce que les énoncés des théorèmes s'en trouvent simplifiés.

THÉORÈME

La pente d'une ligne droite est égale à la différence des cotes de deux points de cette ligne, divisée par la distance horizontale de ces points.

Soient a, b, les projections, et α, β, les cotes de deux points d'une ligne droite. J'élève, par les points a et b, des perpendiculaires sur le plan de comparaison, et je prends sur ces lignes, dans le sens convenu, les longueurs aA, bB, respectivement égales aux cotes α et β; je trace ensuite la droite AB, qui n'est autre que celle dont il faut mesurer la pente.

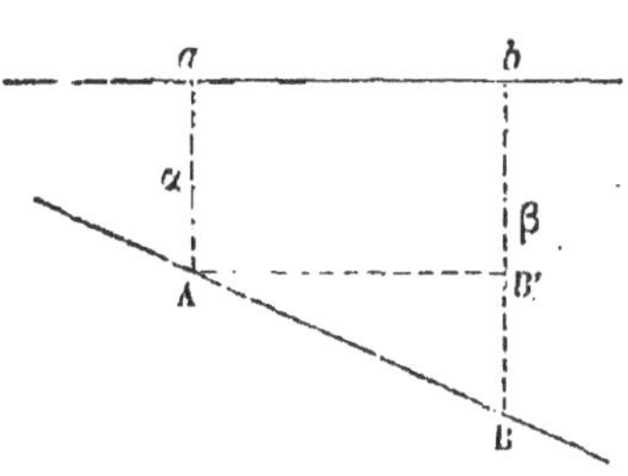

Cela posé, je mène une parallèle à la droite ab par le point A qui est plus proche du plan de comparaison que le point B. Soit B' l'intersection de cette parallèle et de la ligne bB; l'angle que la droite AB fait avec sa projection ab est évidemment égal à l'angle BAB' du triangle rectangle ABB'. Or, il résulte d'un théorème de trigonométrie que

$$\textit{tang}\ \mathrm{BAB'} = \frac{\mathrm{BB'}}{\mathrm{AB'}};$$

donc, si je désigne par p la tangente de l'angle BAB', c'est-à-dire la pente de la droite AB, et par d la longueur AB' ou la distance ab des projections de A et B, j'aurai la formule

$$p = \frac{\beta - \alpha}{d};$$

car la droite BB' égale la différence des deux cotes β et α. Ce qui démontre le théorème énoncé.

Remarque I. J'ai supposé dans la formule précédente la cote α moindre que la cote β; mais on peut lever cette restriction, en convenant : 1° de compter la distance d à partir de la projection du point dont on retranche la cote; 2° de regarder cette distance comme positive ou négative, selon qu'elle s'étend dans le sens AB de la pente de la droite ou dans le sens opposé BA. En effet, il résulte évidemment de cette double convention que les quantités $\beta - \alpha$ et d sont toujours de même signe, donc leur rapport est constamment positif et égal à la pente p.

En résolvant la formule

$$p = \frac{\beta - \alpha}{d}$$

par rapport à chacune des quantités $\beta - \alpha$ et d, on est conduit aux deux théorèmes suivants :

1. *La différence des cotes de deux points d'une ligne droite est égale au produit de la distance horizontale de ces points par la pente de la droite ;*

2. *La distance horizontale de deux points d'une ligne droite est égale à la différence de leurs cotes, divisée par la pente de cette droite.*

Remarque II. Lorsque la différence $\beta - \alpha$ est égale à l'unité de longueur, la formule

$$p = \frac{\beta - \alpha}{d}$$

se réduit à

$$p = \frac{1}{d},$$

et l'on dit que *la pente de la droite* AB *est d'un mètre par* d *mètres.*

PROBLÈME I

La projection d'un point d'une ligne droite étant donnée, calculer la cote de ce point, et réciproquement.

1. Soient données les projections a, b et les cotes α, β de deux points A, B d'une ligne droite ; je prends sur cette ligne un point quelconque C, et je vais calculer sa cote γ, en supposant sa projection c connue. Je désigne par p la pente de la droite AB, et par d, d', les distances ba, ca des projections b, c, à la troisième a. Les trois points A, B, C étant situés sur la droite, la pente de cette ligne est donnée par chacune des formules

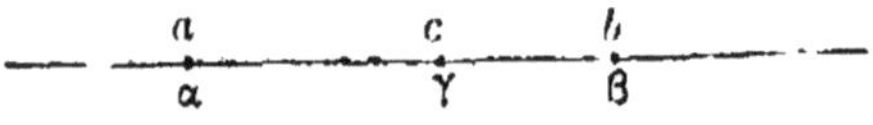

$$p = \frac{\beta - \alpha}{d}, \quad p = \frac{\gamma - \alpha}{d'}.$$

J'en conclus

$$\frac{\gamma - \alpha}{d'} = \frac{\beta - \alpha}{d}$$

et, par suite,

$$\gamma - \alpha = \frac{(\beta - \alpha) d'}{d},$$

La différence des deux cotes γ, α étant ainsi calculée, j'obtiens ensuite la cote γ en ajoutant la cote α à la valeur de $\gamma - \alpha$.

2. Je suppose que la cote γ du point C soit donnée, et je vais déterminer la projection c de ce point. En conservant les notations précédentes, j'ai encore l'équation

$$\frac{\gamma - \alpha}{d'} = \frac{\beta - \alpha}{d},$$

de laquelle je déduis

$$d' = \frac{d(\gamma - \alpha)}{\beta - \alpha}$$

Cette valeur de d' résout la question, car elle fait connaître la distance de la projection du point C à celle du point A, et le sens dans lequel il faut compter cette distance à partir du point a, pour avoir la position du point c.

Soit par exemple,

$$\alpha = 3^{m},75,\ \beta = 5^{m},25,\ \gamma = 2^{m},15 \text{ et } d = 30^{m}.$$

Il résulte de la formule précédente que

$$d' = -32^{m},$$

c'est-à-dire que le point c se trouve à la gauche du point a, et qu'il en est éloigné de 32 mètres.

Remarque. Lorsque la différence $\gamma - \alpha$ est égale à l'unité de longueur, la formule

$$d' = \frac{d(\gamma - \alpha)}{\beta - \alpha},$$

se réduit à

$$d' = \frac{d}{\beta - \alpha},$$

et fait connaître la distance horizontale de deux points dont les cotes diffèrent d'un mètre. On voit que cette valeur de d' est l'inverse de la pente $\frac{\beta - \alpha}{d}$. Si l'on partage la projection de la droite AB en segments égaux à d', les cotes des points de division sont les termes d'une progression arithmétique dont la raison égale l'unité. On donne le nom d'*échelle de pente* à ce mode de division de la droite AB. Les cotes inscrites sur une échelle de pente sont généralement des nombres entiers.

PROBLÈME II

Construire l'échelle de pente d'une ligne droite dont les projections et les cotes de deux points sont données.

Soient a, b les projections, et α, β les cotes des points donnés A, B ; je désigne par d la longueur de la droite ab et je calcule la quantité $\frac{d}{\beta-\alpha}$ qui mesure la distance horizontale de

$\alpha-2$ $\alpha-1$ α $\alpha+1$ $\alpha+2$ β $\alpha+3$

deux points dont les cotes diffèrent de l'unité. Si l'une des deux cotes données, par exemple α, est un nombre entier, je divise la droite indéfinie ab en segments égaux à $\frac{d}{\beta-\alpha}$ à partir de la projection a. Les points de division situés à la droite de a auront pour cotes les nombres entiers croissants $\alpha+1$, $\alpha+2$, $\alpha+3$,... et ceux qui se trouvent à sa gauche auront pour cotes les nombres entiers décroissants $\alpha-1$, $\alpha-2$, $\alpha-3$....

Si aucune des cotes α, β n'est un nombre entier, je détermine par le problème précédent la projection d'un point de la droite AB, ayant pour cote un nombre entier que je prends à volonté, et je divise ensuite la droite ab, à partir de cette projection, en segments égaux à $\frac{d}{\beta-\alpha}$.

Corollaire I. Si l'on partage chacune des divisions de l'échelle de pente en dix parties égales, les cotes de deux points consécutifs différeront alors d'un dixième. En divisant de même chacun des segments précédents en dix parties égales, on aura les projections des points dont les cotes diffèrent d'un centième, et ainsi de suite.

Corollaire II. Lorsque deux lignes droites sont parallèles, les divisions de leurs échelles de pente sont égales ; car ces lignes ont la même pente.

Remarque. L'échelle de pente d'une ligne droite sert à résoudre le problème II; mais on n'y a recours que lorsqu'il faut déterminer les projections, ou les cotes de plusieurs points de la droite, parce que la méthode exposée précédemment est plus rapide pour un seul point.

PROBLÈME III

Déterminer, au moyen de l'échelle de pente d'une ligne droite, la cote d'un point dont la projection est donnée, et réciproquement.

Je suppose la droite déterminée par les points 10 et 11,50, et je construis son échelle de pente d'après la méthode précédente. Si la projection donnée *c* coïncide avec l'un des points

de division de l'échelle, la cote cherchée est le nombre inscrit près de ce point; mais, si le point *c* se trouve entre les deux points 12 et 13, je divise en 10 parties égales l'intervalle qui les sépare. Le point *c* coïncide alors avec l'un des points de division, par exemple avec le septième, ou bien il est compris entre les points 12,7 et 12,8. Dans le premier cas, la cote cherchée est égale à 12^{m},7; dans le second, elle surpasse 12^{m},7 d'un certain nombre de centièmes que je détermine en divisant en 10 parties égales la distance du point 12,7 au point 12,8. Lorsque cette distance est trop petite pour être divisée en 10 parties égales, on évalue à la simple vue le nombre de centièmes que contient l'intervalle qui sépare le point *c* du point 12,7.

Réciproquement. *Déterminer, au moyen de l'échelle de pente d'une ligne droite, la projection d'un point dont la cote est donnée.*

Je suppose cette cote égale à 12^{m},73; la projection cherchée est alors comprise entre les projections des points 12 et 13. Pour connaître sa position avec plus d'exactitude, je divise en 10 parties égales la distance des points 12 et 13, et le point

12,73 se trouve entre le septième point de division et le huitième. Si l'intervalle qui sépare ces deux points est assez grand pour être divisé en 10 parties égales, la projection coïncidera avec le troisième point de division. Je détermine dans le cas contraire la position de cette projection, en évaluant à la simple vue les trois dixièmes de la distance des points 12,7 et 12,8.

PROBLÈME IV.

Trouver l'inclinaison d'un chemin tracé sur un plan coté.

Soit *efgh* la projection d'un chemin tracé sur le plan coté de la planche IV. Pour déterminer la pente de ce chemin entre deux courbes de niveau consécutives, par exemple celles qui sont cotées 50 et 60, on suppose ces courbes assez rapprochées l'une de l'autre pour qu'on puisse regarder, sans erreur sensible, comme une ligne droite la portion *fg* du chemin qu'elles comprennent entre elles. La question est ainsi ramenée à trouver la pente de la droite FG dont les cotes des points F et G diffèrent de 10 mètres; on l'obtiendra dès lors en mesurant la distance *fg* à l'échelle du plan, et en divisant le nombre 10, c'est-à-dire la différence des cotes de F et G, par la mesure de *fg*.

Exercices.

1. Tracer par un point donné une ligne droite dont la proection et la pente soient données.

2. Mener par un point donné une parallèle à une droite donnée.

3. Déterminer la trace horizontale d'une droite, c'est-à-dire le point de cette ligne dont la cote est nulle.

4. Mesurer la distance de deux points dont les cotes et les projections sont données.

5. Reconnaître si deux droites, dont chacune est déterminée par deux points, se coupent ou ne se coupent pas.

CINQUIÈME LEÇON

PROGRAMME. — Manière de représenter les plans. — Ce qu'on nomme ligne de plus grande pente d'un plan. — Échelle de pente.
Comment on trouve l'échelle de pente d'un plan assujetti à passer par trois points donnés par leurs projections et leurs cotes.
Tracer sur un plan coté un chemin, une rigole d'irrigation.

THÉORÈME.

Si, d'un point A, *pris dans un plan* MNP, *on mène la perpendiculaire* AB *et une oblique quelconque* AC *sur la trace horizontale* MN *de ce plan, la pente de la perpendiculaire* AB *est plus grande que celle de l'oblique* AC.

En effet, je projette le point A sur le plan horizontal MNH, et je joins sa projection aux pieds B et C des lignes AB, AC, par les droites aB, aC. La pente de la droite AB est égale au rapport $\frac{aA}{aB}$, et celle de la droite AC égale au rapport $\frac{aA}{aC}$. Or il résulte du théorème des trois perpendiculaires que la droite aB est perpendiculaire à la trace horizontale MN du plan, et, par conséquent, moindre que l'oblique aC; donc le rapport $\frac{aA}{aB}$ est plus grand que $\frac{aA}{aC}$, c'est-à-dire que la pente de la perpendiculaire AB est plus grande que celle de l'oblique AC.

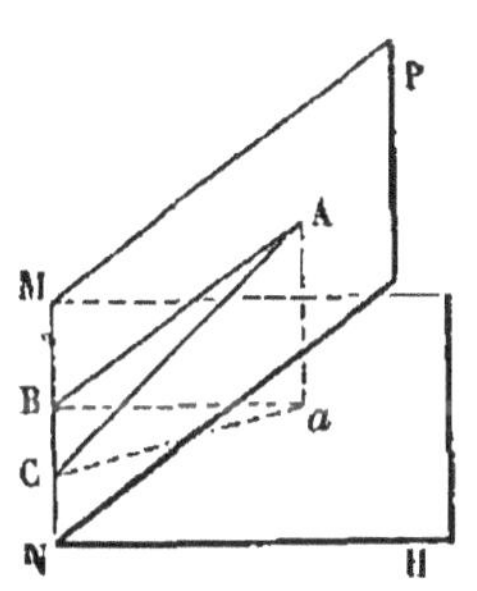

Remarque. On appelle *ligne de plus grande pente* d'un plan, ou simplement ligne de pente, toute droite perpendiculaire à la trace horizontale de ce plan. Il faut remarquer que la pente de cette droite mesure l'inclinaison du plan considéré sur le plan horizontal.

Un plan est déterminé par sa ligne de pente AB, car il passe par la droite AB, et sa trace horizontale MN est perpendiculaire à la projection horizontale aB de AB.

1. Dans la méthode des plans cotés on représente ordinairement un plan par le système de deux lignes de pente très-rapprochées l'une de l'autre. Une seule de ces droites suffirait à la détermination du plan ; on en prend deux pour ne pas confondre le plan avec la ligne de pente elle-même. On appelle *échelle de pente* d'un plan l'échelle de pente des deux droites qui le représentent.

On figure aussi un plan par un système de droites horizontales et équidistantes dont les cotes sont données. Il est facile de passer de ce mode de représentation au précédent, et inversement, en remarquant que les projections des horizontales du plan sont perpendiculaires à celles des lignes de pente, d'après le théorème qui précède.

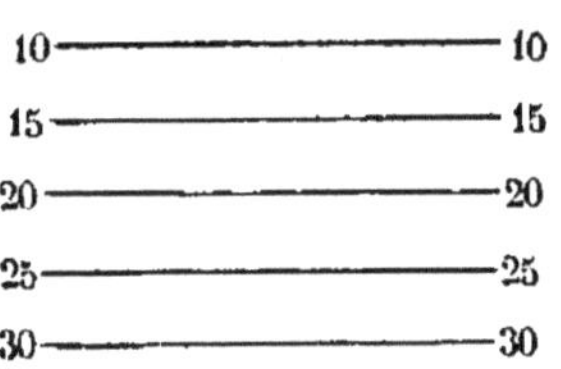

2. Si un plan est horizontal, sa pente est nulle. On le représente alors par deux horizontales de même cote.

3. Lorsqu'un plan est vertical, il est déterminé par sa trace horizontale, lieu des traces de toutes les lignes de pente qui sont alors verticales.

4. Si deux plans sont parallèles, ils ont des droites parallèles pour lignes de pente, et les divisions de leurs échelles de pente sont égales.

PROBLÈME I

Déterminer l'échelle de pente d'un plan donné par trois points A, B, C.

Je détermine sur la droite BC le point D qui a la même cote que le point A, et je joins sa projection *d* à celle du point A par la droite *ad*. Cette ligne est la projection d'une horizontale du plan; par conséquent, la perpendiculaire *be* menée du point *b* sur *ad* est la projection d'une ligne de pente du plan. La cote du point E, où cette ligne rencontre l'horizontale AD, étant égale à celle du point A, je construis l'échelle de pente de la droite BE dont je connais les projections et les cotes des deux points B, E.

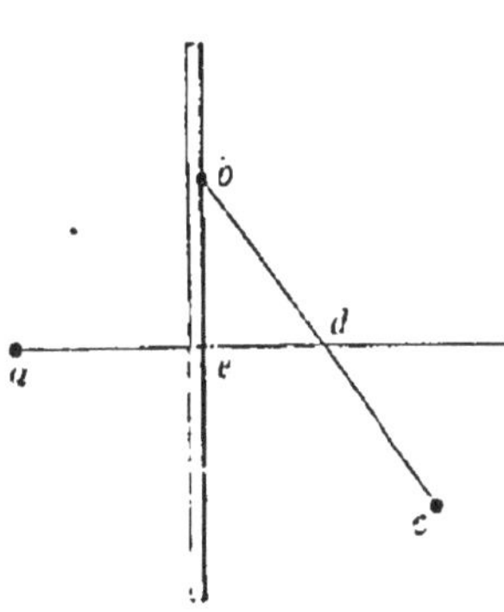

Remarque. Je construirais de la même manière l'échelle de pente d'un plan donné 1° par un point et une ligne droite; 2° par deux lignes droites, parallèles ou concourantes.

PROBLÈME II

La projection d'un point d'un plan étant donnée, trouver la cote de ce point.

Je suppose d'abord le plan déterminé par sa ligne de pente AB, et j'abaisse de la projection *d* du point donné la perpendiculaire *dc* sur la droite *ab*. La ligne *dc* est la projection d'une horizontale du plan, laquelle passe par le point D et rencontre la droite AB au point C; par conséquent, le point D a la même cote que le point C, et la question revient à trouver la cote du point C de la droite AB, la projection de ce point étant connue.

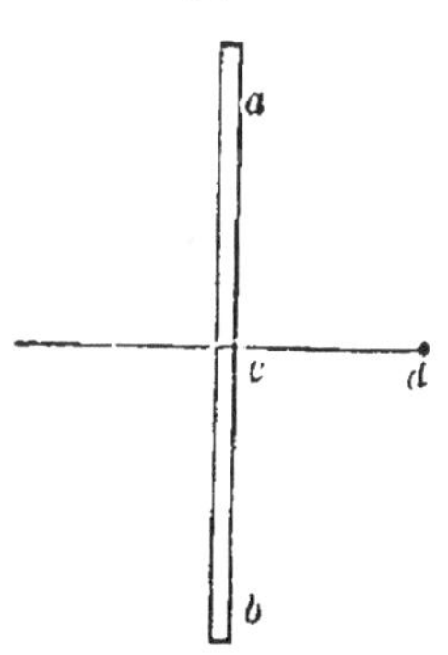

Si le plan était représenté par un système de droites parallèles, je construirais sa ligne de pente pour ramener la question au cas précédent.

Remarque. Lorsque le plan est limité par un système de lignes droites AB, BC, CD, DE, AE, dont les projections et les cotes des points extrêmes sont données, on peut trouver la cote d'un point O dont la projection *o* est connue, sans tracer l'échelle du plan. En effet, je mène par le point *o* une droite quelconque, rencontrant le périmètre de la projection *abcde* aux points *m* et *n*; je détermine ensuite les cotes des points M, N, qui sont situés respectivement sur les lignes AE, BC, et la question revient à trouver la cote du point O de la droite MN, la projection de ce point étant donnée.

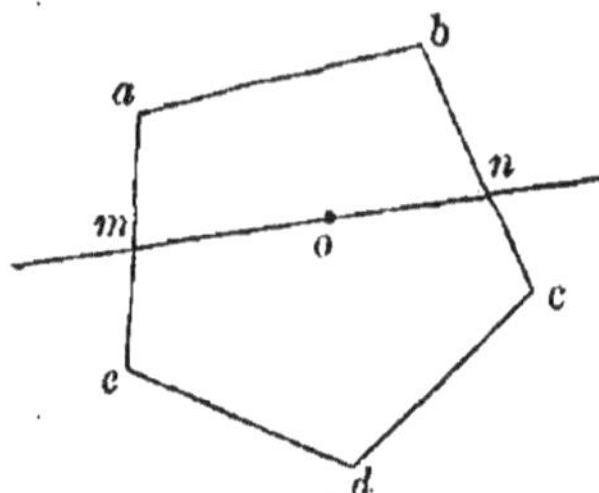

PROBLÈME III

Tracer sur un plan coté un chemin ou une rigole d'irrigation.

Si l'on veut établir un chemin ou une rigole d'irrigation à *fleur de terre*, c'est-à-dire sans déblais ni remblais notables, il est facile d'en faire le tracé sur le plan coté, à partir d'un point donné *a*, que l'on supposera situé sur l'une des courbes du niveau. La pente du chemin ou de la rigole étant donnée, on calcule la longueur que doit avoir sa projection horizontale entre deux courbes de niveau : c'est la longueur correspondante à la différence de niveau entre deux points horizontaux consécutifs. Avec un rayon égal à cette longueur, prise à l'échelle du plan, on décrit du point *a* comme centre un arc de cercle; cet arc coupe la courbe voisine en un point *b*, qui est le point de cette courbe par lequel devra passer le chemin ou la rigole. On part alors de ce dernier point pour aller au suivant *c*, situé sur la courbe voisine; et ainsi, de proche en proche,

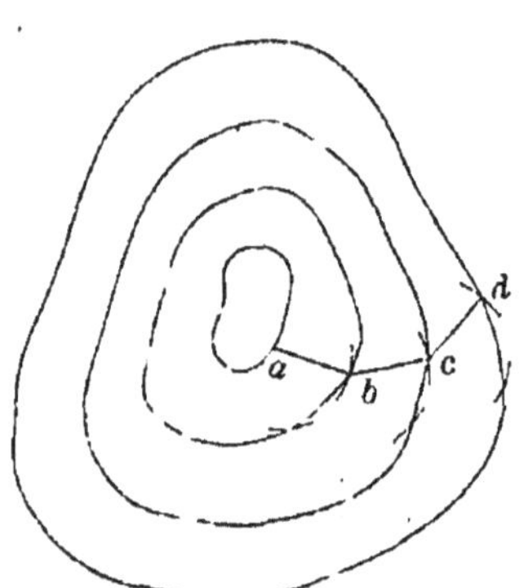

sans changer l'ouverture du compas. On trouve un polygone *abcd*..., dont le périmètre satisfait à la condition d'avoir la pente voulue, et, par conséquent, de pouvoir représenter le tracé du chemin ou de la rigole. On arrondit ensuite les angles du polygone par des arcs de cercle ou de parabole, parce que c'est ainsi qu'on trace sur le terrain les chemins et les canaux.

La pointe mobile du compas pouvant, en général, couper la courbe de niveau en deux points, on a parfois entre deux courbes de niveau consécutives deux tracés satisfaisant à la condition de pente. C'est à l'ingénieur de décider de quel côté il faut aller, et de choisir, entre les divers tracés qui se présentent, celui qui a le plus d'avantages ou qui exige le moins de dépenses.

Remarque I. Cette manière de tracer les chemins sur un plan à courbes horizontales est analogue à celle dont les ingénieurs tracent les chemins sur le terrain même, avec une pente déterminée. L'instrument, appelé *éclimètre* ou *niveau de pente*, dont ils se servent à cet effet, se compose d'une lunette inclinée suivant la pente qu'il faut donner au chemin, et d'un support vertical autour duquel la lunette peut tourner en conservant toujours la même inclinaison, c'est-à-dire en décrivant une surface conique dont tous les apothèmes jouissent de la propriété d'avoir la même pente. L'ingénieur se place, avec le niveau, au point du départ du tracé; un aide muni d'un voyant de mire, emmanché au bout d'un bâton d'une longueur égale à la hauteur de la lunette au-dessus du sol, va à une distance quelconque de l'ingénieur à qui il présente son voyant, le pied du bâton reposant sur le sol. L'ingénieur lui fait signe d'aller à droite ou à gauche, en avant ou en arrière, jusqu'à ce que le voyant soit dans la direction d'un des rayons visuels de la lunette mobile. Alors, à quelque distance que l'aide se trouve, il est sur un point qui satisfait à la condition du tracé sous le rapport de la pente; on obtient ainsi, de proche en proche, le tracé que l'on désire. Dans ce travail effectué sur le terrain, c'est en quelque sorte l'instrument qui guide l'ingénieur, comme c'est le compas qui désigne le tracé sur un plan à courbes horizontales.

Remarque II. Si, au lieu de connaître la pente du chemin, on avait son point de départ et son point d'arrivée, on pourrait étudier divers tracés ayant des pentes diverses. Les longueurs développées des projections horizontales de ces tracés seraient respectivement en raison inverse des pentes, puisque le produit de la longueur de la projection horizontale d'un tracé quelconque par la pente est toujours égal à la différence de niveau des deux points extrêmes (4, Théor.).

On évite autant que possible les pentes et les rampes * qui excèdent 35 millimètres par mètre, parce que l'expérience a fait connaître que, sous le rapport de la fatigue des chevaux, la rapidité de la rampe au delà de 35 millimètres est plus désavantageuse qu'une augmentation proportionnelle de parcours, et qu'ainsi il vaut mieux avoir à faire un trajet plus long, pourvu que la rampe soit moins forte. Pour s'élever à 75 mètres de hauteur, il est à peu près indifférent de parcourir un chemin de 3,000 mètres de longueur en rampe de 25 millimètres par mètre, ou un chemin de 2,500 mètres en rampe de 30 millimètres par mètre; mais on admet aujourd'hui qu'il serait plus fatigant de parcourir 1,500 mètres seulement avec une rampe de 50 millimètres par mètre.

Quant aux rigoles d'irrigation, leurs pentes et leurs dimensions en largeur et profondeur se déterminent par la condition qu'elles puissent amener dans les champs l'eau nécessaire à leur arrosage.

Exercices.

1. Mener par un point donné un plan parallèle à un plan donné.
2. Mener par une droite un plan parallèle à une autre droite.
3. Mener par une droite un plan dont la pente soit donnée.
4. Mener par un point un plan parallèle à deux droites.
5. Mener par un point une droite perpendiculaire à un plan donné.

* Les mots *pente* et *rampe* désignent l'un et l'autre des inclinaisons de chemin, mais en sens inverse : la *rampe* est une inclinaison ascendante, et la *pente* est une inclinaison descendante.

SIXIÈME LEÇON

RELATION DE PLUSIEURS NIVELLEMENTS FAITS PAR L'ACADÉMICIEN PICARD POUR CONDUIRE L'EAU AU CHATEAU DE VERSAILLES *

Sa Majesté ** ayant résolu de faire conduire à Versailles la meilleure eau pour boire que l'on pourrait trouver dans les lieux circonvoisins, on proposa celle de la montagne de Roquencourt, comme une des plus proches et des plus saines de tout le pays; mais, quoique cette proposition parût d'abord impossible, à cause que cette eau était à plus de 19 toises de profondeur sous le terrain de la montagne, comme il était facile à connaître par le puits des Essarts, qui est entre Roquencourt, Bailly et Marly, on ordonna pourtant à M. Picard de la niveler pour savoir à quelle hauteur elle pourrait être à l'égard de Versailles; et, après plusieurs nivellements qu'il fit à diverses fois, tant en gros qu'en détail, il trouva que la superficie de l'eau de ce puits, qui est éloigné de Versailles d'environ 3000 toises, était à peu près de niveau avec le rez-de-chaussée du château.

On donna ordre ensuite au sieur Jongleur de ramasser toutes les eaux de cette montagne, et de les faire conduire à Versailles. Il fit pour cet effet sous terre un long aqueduc, dont la sortie est proche de Roquencourt, environ trois pieds plus bas que la superficie de l'eau des Essarts, suivant les nivellements que l'on en avait faits; et après que l'aqueduc a

* Cette relation est extraite du *Traité du nivellement*, par Picard, célèbre académicien, qui a mesuré en 1669 l'arc de méridien compris entre Paris et Amiens.

** Louis XIV.

été entièrement achevé, les choses se sont trouvées par l'expérience tellement conformes aux nivellements qu'il ne se pouvait rien de plus juste.

La même chose est arrivée à l'égard des eaux que le sieur Jongleur a encore recueillies entre Roquencourt et Bailly pour Trianon, et du côté de Saint-Cyr pour la Ménagerie: ce que l'on a cru devoir rapporter comme autant de preuves de la justesse des manières de niveler que l'on a enseignées ci-devant; mais en voici d'autres qui sont bien plus considérables.

La proposition la plus hardie que l'on ait faite pour donner des eaux à Versailles a été celle de M. Riquet, qui est assez connu par l'entreprise de la jonction des mers *. Il avait vu que la rivière de Loire avait beaucoup plus de pente que la Seine, d'où il avait conclu que le lit de la Seine était beaucoup plus bas que celui de la Loire ; et sur ce fondement il s'était persuadé que l'on pourrait conduire un canal depuis la rivière de Loire jusqu'au château de Versailles. Il n'avait pas même fait difficulté d'avancer qu'il pourrait conduire cette eau sur le haut de la montagne de Sataury, qui est plus haut de 20 toises que le rez-de-chaussée du château, ce qui aurait pu fournir un amplé réservoir pour l'embellissement de ce lieu. Une proposition si avantageuse ne manqua pas d'être écoutée favorablement ; mais comme l'entreprise était d'une grande conséquence, il s'agissait de l'examiner avec tous les soins possibles, ce que l'on remit entre les mains de M. Picard, qui fut accompagné de M. Riquet dans cet ouvrage.

C'était vers la fin du mois de septembre de l'année 1674 ; et parce qu'il restait peu de temps commode pour faire les nivellements, il crut qu'il était à propos d'abord d'examiner la chose en gros, afin que, s'il y avait quelque apparence de possibilité, on la pût refaire dans la suite avec toutes sortes de précautions.

Il avait su que M. Riquet avait dessein de prendre la Loire au-dessus de Briare, et, par conséquent, qu'il fallait traverser

* Canal du Languedoc, qui fait communiquer la Méditerranée à l'Océan Atlantique.

le canal : c'est pourquoi il s'appliqua à bien connaître la différence du niveau entre Versailles et le plus haut point du canal de Briare; et, pour cet effet, il jugea qu'il n'y avait rien de plus expédient que de bien déterminer la hauteur de Versailles au-dessus de la Seine, puis suivre en remontant les rivières de Seine et de Loing jusqu'à Montargis, où commence le canal de ce côté-là.

La Seine entre Sèvres et les Moulineaux, où elle approche le plus de Versailles, était alors basse de 3 toises au-dessous du pied du mur des Moulineaux, et en cet état elle fut trouvée plus basse que le rez-de-chaussée du château de Versailles de 60 toises 1/2, ce qui fut vérifié en allant et venant. Puis on examina la pente de la Seine depuis Valvint jusqu'à Sèvres de la manière suivante :

En faisant le nivellement en détail, et par stations médiocres*, on trouva que la Seine était plus basse vers Sèvres qu'à Paris** de 8 pieds, ce qui devait être la pente de cette rivière entre ces deux lieux.

On mesura ensuite la pente de la Seine depuis Corbeil jusqu'à Paris, et on trouva qu'elle était de 18 pieds.

En continuant de suivre le bord de la Seine jusqu'à Valvint, au-dessus de Melun, on trouva que l'on était monté depuis Corbeil de 25 pieds.

Pente de la Seine depuis Valvint jusqu'à Sèvres.

De Valvint à Corbeil.	25 pieds.
De Corbeil à Paris.	18
De Paris à Sèvres.	8

Somme : 51 pieds, ou 8 toises 1/2.

Depuis Valvint jusqu'à Sèvres la pente de la Seine est d'en-

* C'est-à-dire peu éloignées les unes des autres.

** Près de Notre-Dame. — Picard a mesuré la hauteur de chacune des tours de cette église, depuis le pavé de la place environnante jusqu'au parapet. Il a trouvé 34 toises pour la tour méridionale, et 34 toises 8 pouces pour la tour septentrionale.

viron 1 pied par 1,000 toises de chemin, tantôt un peu plus, tantôt un peu moins.

De Valvint on traversa droit en nivelant jusqu'à Moret, et de Moret le long des bords de la rivière le Loing jusqu'à Montargis, et l'on trouva que l'on était monté de 16 toises, en quoi on ne pouvait se tromper considérablement, quand on n'aurait fait que compter les moulins qui sont sur ladite rivière, estimant outre cela ce qu'il peut y avoir de pente d'une chaussée à l'autre.

On ne fit ensuite que mesurer les sauts des écluses du canal de Briare, qui, depuis Montargis jusqu'au point de partage, sont au nombre de 28, faisant 42 toises de hauteur.

Du haut du canal jusqu'à Montargis.	42 toises.
De Montargis à Valvint.	16
De Valvint à Sèvres.	8 1/2.
Donc du haut du canal jusqu'à Sèvres. . . .	66 1/2.
Mais de Versailles à Sèvres.	60 1/2.

Donc, le plus haut point, autrement le point de partage du canal de Briare, est plus haut que le rez-de-chaussée du château de Versailles de 6 toises.

Ce qui revient à peu près au niveau de la superficie du réservoir du dessus de la grotte.

On descendit ensuite vers la Loire, qui était pour lors fort basse, et en mesurant les sauts des écluses du canal, qui sont de ce côté-là au nombre de 14 seulement, on trouva que depuis le point de partage jusqu'à la Loire il y avait 17 toises de pente *; de sorte que, pour retrouver le niveau du haut du canal, il aurait fallu prendre la Loire en remontant à 17 toises plus haut qu'elle n'est aux environs de Briare; mais avant que d'examiner jusqu'où il aurait fallu remonter pour prendre la Loire, et avant que de reconnaître les terrains, tant au delà qu'en deçà du canal pour conduire un aqueduc, voyant qu'outre la pente nécessaire pour un si long chemin, il s'en

* Le lit de la Loire, près Briare, est donc plus haut de 41 toises que celui de la Seine à Valvint.

fallait de 14 toises que l'endroit du canal par où il aurait fallu faire passer l'aqueduc pour conduire l'eau de la Loire ne fût aussi haut que Sataury; et ne sachant pas, d'ailleurs, si l'on se contenterait de la chose telle qu'elle se trouvait, on pensa qu'il fallait vérifier en retournant les endroits où il pouvait y avoir quelque doute dans les opérations.

M. Picard fit son rapport de ce qu'il avait trouvé, sans savoir que M. Riquet eût envoyé en particulier des niveleurs après lui; et quoiqu'il vît ce qu'on avait trouvé contre ce qu'il avait avancé, il ne laissa pas de persister dans sa première proposition jusqu'au retour de ses gens; car il demeura d'accord de tout ce que M. Picard avait rapporté, dont il fut entièrement convaincu, après que l'on eût refait en sa présence les nivellements depuis Versailles jusqu'à Sèvres et depuis Sèvres jusqu'à la porte de la Conférence. On en demeura là pour lors, et l'on ne parla plus de cette affaire que quatre ans après, à l'occasion de ce qui suit :

Sur les bords de la forêt d'Orléans, du côté de Pluviers, il y a plusieurs étangs et sources vives qui forment deux ruisseaux, lesquels s'étant joints ensemble font la rivière de Juine, dont la pente est si grande que depuis son commencement jusqu'au-dessous de La Ferté-Alais, où elle se joint à celle d'Étampes, elle fait aller environ soixante moulins en peu d'espace de chemin. M. Franchine avait eu la pensée de faire venir cette rivière à Versailles; mais quelque temps après, en l'année 1678, sur le rapport du sieur Vivier, qui faisait alors la carte de l'Orléanais, on y pensa tout de bon. M. Picard eut ordre d'examiner si la chose était possible, et il fut accompagné dans ce voyage par le sieur Vivier, qui avait renouvelé la proposition, et par le sieur Villiard, son aide ordinaire. Il reprit les nivellements qu'il avait déjà faits jusqu'à Corbeil, et il les continua jusqu'à Orléans.

Pentes depuis la forêt d'Orléans jusqu'à Corbeil.

De l'étang appelé le Grand-Vau, qui est dans la forêt au-dessus de Chemerolles, pente jusqu'à l'étang du Bois, près

Courcy.	18	pieds.
De l'étang du Bois à celui de Laas.	18	
De l'étang de Laas au moulin de Pluviers. . .	55	
De Pluviers au pont d'Angerville-la-Rivière. .	71 1/2	
D'Angerville-la-Rivière à Malesherbes.	17 1/2	
De Malesherbes à Maisse.	27	
De Maisse à La Ferté-Alais.	19	
De La Ferté à Ormoy.	31	
D'Ormoy jusqu'au moulin d'Essonne.	21	
D'Essonne à la Rivière.	22	

Somme : 300 pieds, ou 50 toises.

La Seine n'était pas plus haute que dans l'année 1674, lorsqu'on fit les nivellements, de sorte qu'ajoutant les 4 toises 1/2 de pente, qui furent trouvées alors depuis Corbeil jusqu'à Sèvres, on trouve que les eaux de la forêt d'Orléans ont 54 toises 1/2 de hauteur au-dessus de la Seine vers Sèvres; et parce que la hauteur du rez-de-chaussée de Versailles au-dessus du même endroit de la Seine à Sèvres est de 60 toises 1/2, il s'ensuit que le rez-de-chaussée du château de Versailles est plus haut de 6 toises que l'étang du Grand-Vau de la forêt d'Orléans.

Les choses ayant été trouvées en cet état, on ordonna à M. Picard de continuer les nivellements pour revoir s'il était possible de conduire un canal de la Loire jusqu'au château de Versailles.

On avait déjà trouvé qu'il fallait traverser le canal de Briare, et par les derniers nivellements on avait aussi reconnu qu'il fallait nécessairement passer entre l'étang du Grand-Vau qui s'écoule dans la Seine, et ceux de la Courdieu dont les eaux tombent dans la Loire; et parce qu'il était impossible de niveler dans la forêt d'Orléans autrement que par les grandes routes, on suivit celle de Gergeau; et traversant depuis l'étang du Bois en montant vers la Courdieu, on trouva que le plus haut terrain pris dans ladite route de Gergeau, à 150 toises environ au delà de l'endroit où elle est coupée par celle du Hallier, était plus haut de 13 toises que l'étang du Bois, et par conséquent plus haut de 10 toises que le Grand-Vau; et qu'ainsi on était plus haut de 4 toises que le rez-de-chaussée du château de Versailles.

Il eût été impossible, à cause des bois, de continuer l'examen du terrain jusqu'au canal de Briare, à moins de faire des routes exprès au travers de la forêt; et parce que d'ailleurs on était dans l'impatience de savoir comment ces derniers nivellements s'accorderaient avec ceux qui avaient été faits quatre ans auparavant, on descendit en nivelant jusqu'à la Loire, qui était fort basse, et qui, étant prise au-dessous de la porte de Bourgogne, au pied d'une vieille muraille appelée le Crau, fut trouvée plus basse que le haut terrain de la forêt de 28 toises 1/2, au lieu que depuis le même haut terrain jusqu'à la Seine, prise à Corbeil, il y avait 60 toises de pente; de manière que la Seine à Corbeil était plus basse que la Loire à Orléans de 31 toises 1/2. Les deux rivières étaient alors fort basses.

Pente de la Loire depuis l'entrée du canal de Briare jusqu'au Crau d'Orléans.

Du canal à Gien.	10 pieds.
De Gien à Rocole.	10
De Rocole jusqu'au port de Ronce.	42
Du port de Ronce à Gergeau.	10
De Gergeau à Orléans.	19

Somme : 91 pieds, ou environ 15 toises; et parce que le point de partage est plus haut que la Loire de 17 toises, il s'ensuit que ledit point de partage était de 32 toises de hauteur au-dessus de la Loire prise à Orléans; et si l'on ajoute encore les 31 toises 1/2 qu'il y a d'Orléans à Corbeil, et les 4 toises 1/2 de Corbeil à la Seine proche de Sèvres, la somme totale se montera à 68 toises pour la hauteur du canal de Briare au-dessus de la Seine à Sèvres. Puis ayant ôté les 60 toises 1/2 qu'il y a de Versailles à Sèvres, on trouvera que le point de partage du canal est plus haut que le rez-de-chaussée du château de Versailles de 7 toises 1/2, au lieu que par les premiers nivellements faits par la rivière de Loire on n'avait trouvé que 6 toises de hauteur; mais il vaut mieux s'en tenir à ces derniers, d'autant plus qu'ils furent faits dans un temps plus favorable que les premiers, ou enfin, si l'on veut, on pourrait partager le différend par la moitié.

Pente de la Loire depuis Pouilly jusqu'à l'entrée du canal de Briare.

De Pouilly à Cosne.	26	pieds.
De Cosne à Neuvy.	25	
De Neuvy à Bony.	7	
De Bony à l'entrée du canal de Briare.	20	

Somme : 96 pieds, ou 16 toises.

On conclut de ces nivellements que, pour trouver le niveau du plus haut point du canal de Briare, qui était environ celui du réservoir du dessus de la Grotte de Versailles, il fallait remonter la Loire environ une lieue au-dessus de Pouilly; et pour avoir une pente convenable pour conduire l'eau dans un aqueduc, il fallait aller du moins jusqu'à la Charité.

La saison était déjà fort avancée; et parce que les nivellements des environs de la forêt d'Orléans avaient donné lieu de craindre que le terrain de la Beauce ne fût trop bas pour porter l'eau de la Loire à Versailles, on revint à Orléans, sans s'arrêter à d'autres recherches, pour achever d'exécuter les ordres de Sa Majesté, qui étaient de revenir expressément de la forêt d'Orléans par la Beauce, en nivelant jusqu'à l'étang de Trappes qui, comme nous dirons ci-après, était un terme connu que l'on savait être plus haut d'environ 2 toises que la superficie du réservoir du dessus de la Grotte.

Pour reprendre les premiers vestiges et tenir le dehors de la forêt, on crut qu'il était à propos de recommencer par l'étang de Laas, que l'on savait être plus bas de 16 toises que le haut terrain de la forêt, ou de 12 toises que le rez-de-chaussée du château de Versailles.

On monta de Laas à Saint-Lié 5 toises.

De Saint-Lié au pavé de la Mont-Joie on monta encore

2 toises; de sorte que le pavé de la Mont-Joie est plus haut que l'étang de Laas de 7 toises. Et, suivant ce que l'on vient de conclure, il fallait monter de 12 toises pour être de niveau avec Versailles.

Mais parce que l'étang de Trappes est plus haut d'environ 7 toises que le rez-de-chaussée du château de Versailles, il s'ensuit que, nonobstant les 7 toises dont on était monté, on était encore plus bas que l'étang de Trappes d'environ 12 toises. On était cependant très-assuré que l'on avait coupé tout le terrain par où l'on aurait pu faire passer l'aqueduc pour porter l'eau de la Loire à la sortie de la forêt d'Orléans, et que ledit lieu de la Mont-Joie, qui est sur le grand chemin de Paris en sortant d'Orléans, était l'endroit le plus haut qui soit depuis l'étang de Laas jusqu'à la Loire, en suivant les bords de la forêt d'Orléans du côté de Paris.

Ce qui vient d'être conclu à l'égard des 12 toises dont le pavé de la Mont-Joie est plus bas que l'étang de Trappes, suppose les nivellements de Versailles à Sèvres, de Sèvres à Corbeil et de Corbeil à Orléans; mais voici ce que l'on trouva par le droit chemin :

Nivellements faits depuis Orléans jusqu'à l'étang de Trappes.

De la Mont-Joie à la croix de Toury, en montant. 10 pieds.

De la croix de Toury à celle qui est sur le grand chemin près d'Angerville, vis-à-vis d'Arbouville, en montant encore. 10

De ladite croix au moulin d'Ovitreville, en montant encore. 16

Du moulin d'Ovitreville à l'Orme de Sainville en montant. 19

Dudit Orme au moulin des Essarts aux environs de Haute-Brière, en montant. 68

Somme totale : 123 pieds dont on était monté depuis la Mont-Joie.

Mais du moulin des Essarts à Trappes on ne descendit que

de 58 pieds; par conséquent, il restait encore 65 pieds, ou environ 11 toises dont l'étang de Trappes est plus haut que le pavé de la Mont-Joie : c'était moins d'une toise que par les premiers nivellements; mais pour dire la vérité, bien que ces derniers nivellements eussent été faits par un chemin beaucoup plus court que les premiers, on eut un si mauvais temps en traversant la Beauce, qu'il pourrait bien s'être glissé quelque petite erreur, nonobstant tous les soins qu'on y apportait, et, comme on a déjà dit, on peut bien partager un si petit différend par la moitié; joint que, si la chose dont il s'agissait avait eu quelque apparence d'être possible, il eût fallu en venir plus à loisir à un dernier éclaircissement; mais d'autant que les nivellements faits par divers chemins montraient évidemment que la Beauce, à la sortie de la forêt d'Orléans, était plus basse non-seulement que l'étang de Trappes, mais encore que le rez-de-chaussée du château de Versailles, il n'en fallait pas davantage pour juger qu'il était impossible de conduire l'eau de la Loire à fleur de terre jusqu'au château de Versailles, et qu'on aurait été obligé d'élever un aqueduc depuis le milieu de la forêt d'Orléans jusqu'à Angerville.

On peut ajouter à cette relation quelques autres nivellements que M. Picard fit aux environs de Versailles, pour faire voir jusqu'à quelle justesse on peut parvenir en nivelant de la manière que l'on a expliquée ci-dessus.

A la tête de la rivière de Bièvre, que l'on appelle autrement des Gobelins, il y a deux grandes plaines, l'une au-dessous de Trappes, et l'autre au-dessus de Boisdarcy, dont les eaux s'écoulent par deux gorges assez étroites que l'on pouvait fermer pour faire deux étangs considérables; mais il s'agissait de savoir si les eaux de ces étangs auraient assez de hauteur pour être conduites au château de Versailles, ce qu'il importait d'autant plus de bien connaître qu'il fallait percer la montagne de Sataury pour les faire passer.

Les endroits des bondes * ayant été marqués, il trouva que

* Pièces de bois qui, étant baissées ou haussées, servent à retenir ou à lâcher l'eau d'un étang.

le fond de l'étang de Trappes aurait environ 15 pieds de hauteur par-dessus la superficie du réservoir du dessus de la Grotte de Versailles, et que l'étang de Boisdarcy serait plus haut que celui de Trappes de 9 pieds.

Après avoir fait ces nivellements par plusieurs fois et en diverses manières, on lui ordonna de marquer avec des piquets la conduite des eaux de Trappes, qui devait se faire à découvert jusqu'à l'endroit où il fallait percer la montagne de Sataury, et pour toute la longueur du chemin, qui devait être d'environ 4,000 toises; à cause des vallons qu'il fallait côtoyer, on voulut qu'il ne prît que 3 pieds de pente, afin de conserver l'eau dans la plus grande hauteur qu'il serait possible. Il avait aussi marqué séparément la conduite des eaux de l'étang de Boisdarcy, qui était plus courte que l'autre de près de la moitié; mais on trouva à propos de les joindre toutes deux ensemble.

On éleva les chaussées des étangs, on travailla à la conduite, et l'on fit en même temps un aqueduc long de 750 toises au travers de la montagne de Sataury, à 14 toises au-dessous du plus haut terrain, le tout sur la bonne foi des nivellements, qui se sont enfin trouvés si justes, qu'après avoir mis de l'eau dans l'étang de Trappes, et qu'elle a été lâchée dans la conduite ou rigole, il est arrivé que cette eau, étant en repos, s'est trouvée, à l'entrée de la montagne de Sataury, haute de 3 pieds, lorsqu'elle était à fleur du seuil de l'étang de Trappes, comme on avait déterminé par les nivellements.

Il ne sera pas hors de propos de remarquer ici que l'eau de l'étang de Trappes, étant lâchée avec une charge de 3 pieds, emploie 4 heures de temps à faire 4,000 toises de chemin avec 3 pieds de pente. Mais ce qui est encore de plus considérable, c'est qu'après que les tuyaux de conduite eussent été placés depuis l'entrée de la montagne de Sataury jusque dessus la Grotte de Versailles, Sa Majesté, faisant faire le premier essai de ces eaux, eut le plaisir de voir qu'elles sortaient avec tant de force, qu'il n'y avait pas lieu de douter qu'elles n'eussent pu monter beaucoup plus haut, conformément aux nivellements qui en avaient été faits, et en descendant de dessus la Grotte, elle témoigna à M. Picard qu'elle était contente.

On ne doit pas oublier d'avertir que M. Roëmer * a eu beaucoup de part aux nivellements qui ont été faits aux environs de Versailles, ayant assez souvent tenu la place de M. Picard lorsqu'il était malade, ou qu'il était obligé de s'absenter pour quelque autre empêchement.

* Célèbre astronome danois, qui a mesuré la vitesse de la lumière au moyen des éclipses des satellites de Jupiter. Il fut amené en France par Picard, en 1672, lors du voyage que cet académicien fit à Uranibourg pour déterminer, de concert avec Tycho-Brahé, la longitude et la latitude de cet Observatoire.

FIN

TABLE DES MATIÈRES

APPLICATIONS

DE LA GÉOMÉTRIE

LEVÉ DES PLANS

ÉLÉMENTS DE GÉOMÉTRIE DESCRIPTIVE

LIGNE DROITE ET PLAN

NOTIONS SUR LE NIVELLEMENT ET SES USAGES

PARIS. — IMP. SIMON RAÇON ET COMP., RUE D'ERFURTH, 1.

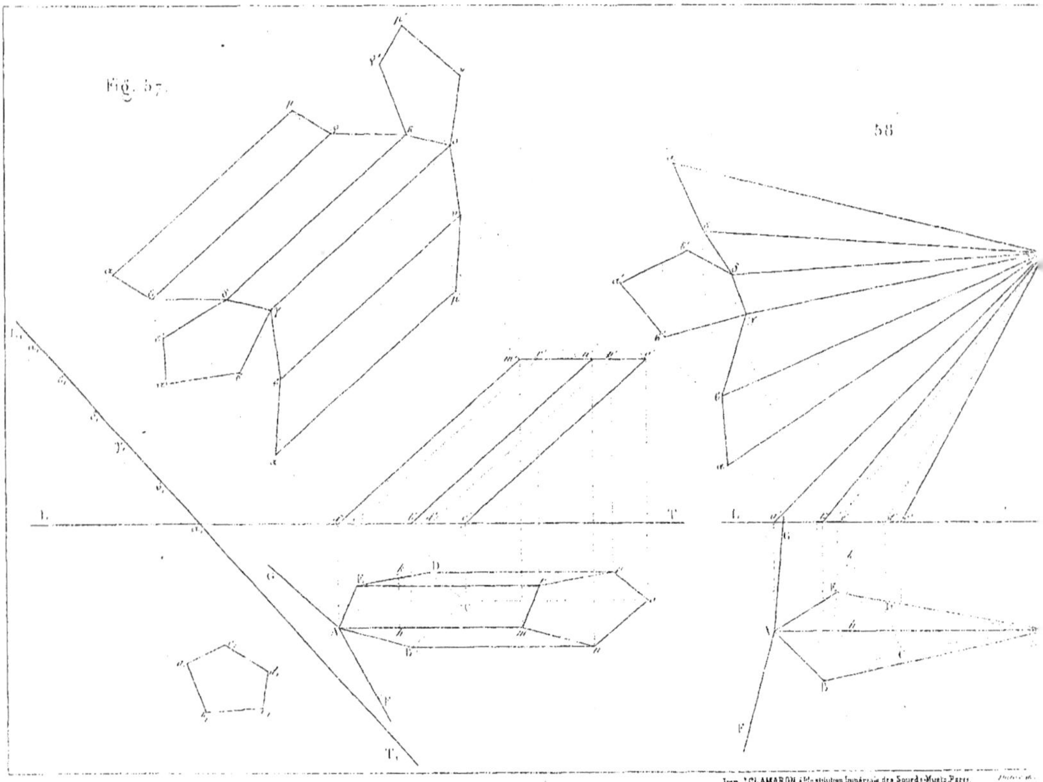

Fig. 57.

58

Ch Delagrave et Cie Editeurs.

Imp. J. CLAMARON à l'Institution Impériale des Sourds-Muets, Paris.

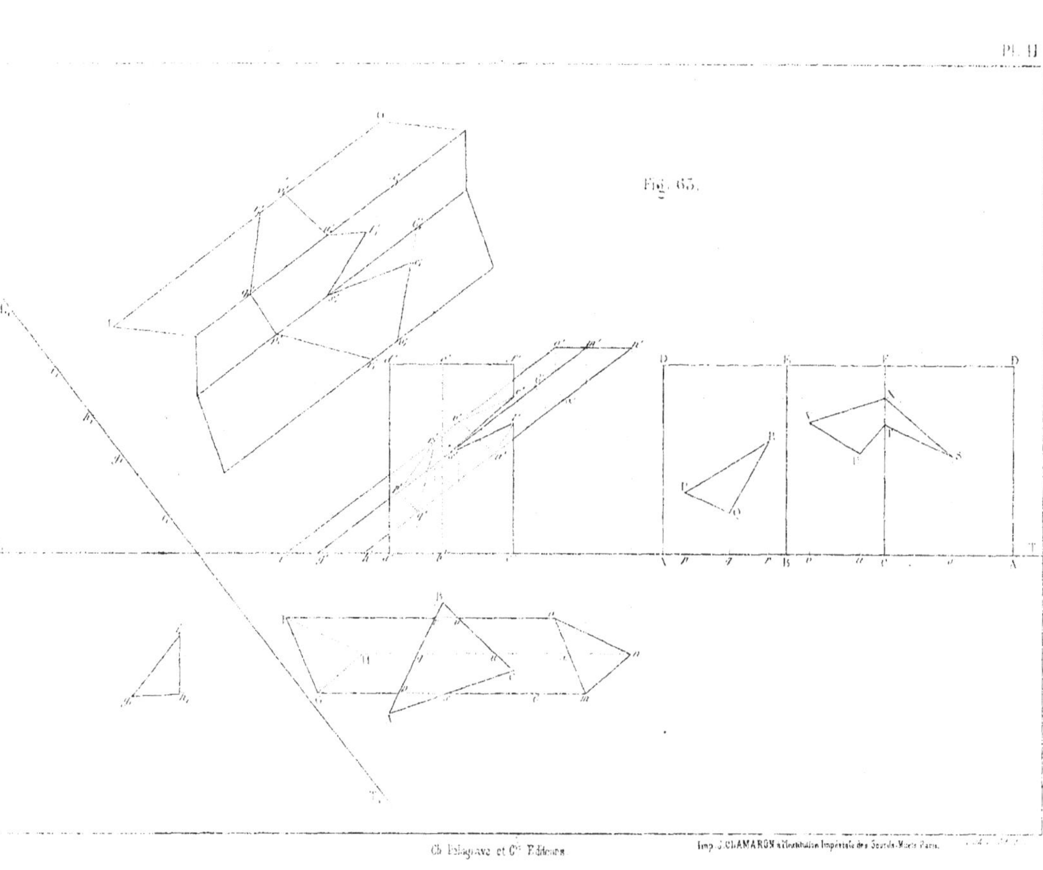

Ch. Delagrave et Cie Éditeurs
Imp. J. CHAMARON à l'Institution Impériale des Sourds-Muets Paris.

Élévation

Coupe sur c d.

Plan du rez de chaussée

Coupe sur a b.

Plan du 1er étage

Légende

A Salle à manger.
B Cuisine.
C Couloir.
D.D Chambres à coucher.
E Cabinet de toilette.
F Lieux d'aisances.
G Évier.
H Fourneaux.

Échelle de 0m004 par mètre.

0 5 10m

Batterie Électrique.

Élévation

Plan

Coupe sur x y.

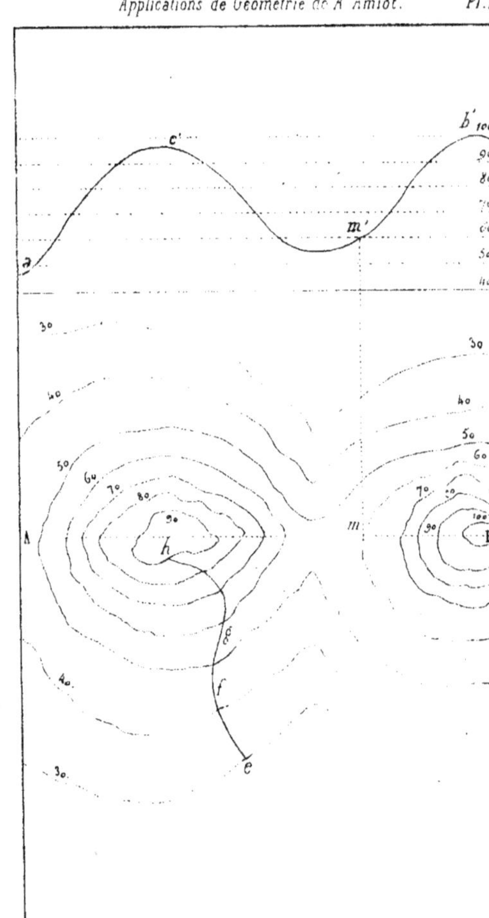

www.ingramcontent.com/pod-product-compliance
Lightning Source LLC
Chambersburg PA
CBHW050103210326
41519CB00015BA/3802

* 9 7 8 2 0 1 2 6 3 6 4 3 9 *